동물들의
짝짓기 도감

DAS LIEBESLEBEN DER TIERE
by Katharina von der Gathen, illustrated by Anke Kuhl

ⓒ 2017 Klett Kinderbuch, Leipzig/ Germany
Korean Translation Copyright ⓒ 2020 TOTOBOOK Publishing Co.
All rights reserved.

The Korean language edition is published by arrangement with
KLETT KINDERBUCH VERLAG GMBH through MOMO Agency, Seoul.

춤추고, 노래하고, 속이고, 싸우는 동물들의 유혹법

동물들의
짝짓기 도감

쪽쪽

부비부비

카타리나 폰 데어 가텐 지음
앙케 쿨 그림 박종대 옮김
장이권(이화여자대학교 생명과학과/에코과학부 교수) 감수·추천

팀

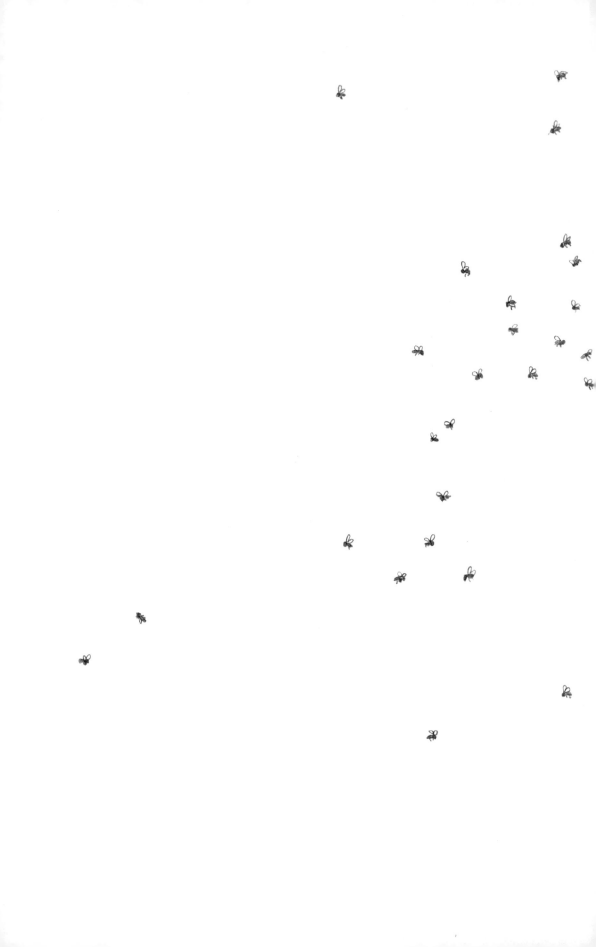

차례

드디어 성공했어! - 짝짓기
난자에 이르는 다양한 방법

거미도 아기가 있어?

동물도 동성애자가 있어?

들어가는 말: 동물은 어떻게 짝짓기를 할까?

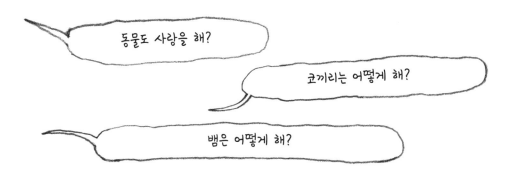

동물도 사랑을 해?

코끼리는 어떻게 해?

뱀은 어떻게 해?

세상의 수많은 동물은 새끼를 어떻게 낳을까? 그걸 아는 사람은 의외로 적어. 그래서 그런 궁금증을 풀어 주려고 이 책을 썼어. 다시 말해서 이 책은 우리 주변에서 흔히 볼 수 있거나, 아니면 지구 아주 외딴 곳에서나 만날 수 있는 동물들에 관한 이야기야.

- 동물들은 어떻게 서로 만나고, 짝을 얻으려고 어떤 경쟁을 벌일까?
- 동물들은 어떤 특별한 방법으로 짝짓기를 할까?
- 새끼는 어떻게 생길까?
- 그러다 마지막에는 어떻게 태어날까?

어떤 동물 종이건 이 문제들을 해결하려고 진화 과정에서 자기만의 특별한 전략을 발전시켜 왔어. 인간의 눈으로 관찰하면 동물의 그런 행동 방식 뒤에 어떤 전략이 숨어 있는지는 추측만 가능해. 실제로 그런지는 누구도 정확히 몰라. 동물한테 직접 물어볼 수는 없으니까.

어쨌든 여기서는 아주 재미있고 놀라운 이야기들을 많이 만나 볼 수 있을 거야. 그중에는 당연히 무섭고, 이상하고, 친숙하고, 낯선 이야기도 많아. 동물들의 수만큼이나 짝짓기를 하는 법도 다양하다는 증거지.

이 이야기를 읽다 보면 한 가지는 분명해. 세상은 정말 신기한 곳이라는 사실!

나 에게 반해라!

유혹의 기술

구애 시기가 되면 동물들은 적당한 짝을 찾으려고 죽을 힘을 다해. 자신의 유전자를 후세에 남기려면 자식을 낳아야 하고, 또 그러려면 짝짓기를 해야 하거든. 그때 대개 수컷은 암컷의 선택을 받으려고 온갖 아양을 떨지만, 암컷은 가만히 지켜보다가 그중에서 하나를 고르기만 하면 돼. 수컷은 몸을 멋지게 치장하고, 아름다운 노래를 부르고, 춤을 추고, 아니면 다른 수컷들과 피투성이가 되도록 싸워. 그런데 막상 젖 먹던 힘까지 내어 경쟁자를 물리치고 암컷의 선택을 받았지만 짝짓기 행위는 정말 싱거울 정도로 간단하게 끝날 때가 많아.

자, 이제 시작!

제발 나 좀 봐 줘!

유별난 극락조

짝을 구하려면 어떻게든 주목을 받아야 해. 그래서 남태평양에 있는 뉴기니 섬의 다양한 극락조들은 아주 매력적인 불꽃놀이를 벌여. 수컷들은 평소에도 화려하고 다채로운 깃털을 뽐내며 돌아다니지만, 암컷에게 구애할 때는 더 멋지게 변신해. 심지어 깃털을 세우거나, 춤을 추거나, 날개와 목을 움직이다가 몸통에서 불쑥 얼굴을 내밀기도 해. 간혹 어떤 녀석들은 꼭 화산이 터지는 것 같은 모습으로 나뭇가지에 앉아 있기도 하고, 또 어떤 녀석들은 깃을 부채처럼 활짝 펼치고 손짓을 하는 것 같기도 해.

수컷들은 한자리에 모여 구애 행동을 해. 대개 그 전에 구애할 장소를 말끔하게 정돈하고 청소해. 예를 들면 거추장스러운 나무토막이나 지저분한 나뭇잎을 치우는 거지. 이렇게 짝짓기 장소가 깨끗이 정돈되고 나면 수컷들은 줄을 서. 그런데 아무렇게나 줄을 서는 건 아냐. 거기엔 엄격한 서열이 있어. 첫 번째 줄은 당연히 가장 아름답고 나이 많은 수컷들이 차지해. 처음

끼긴 젊은 수컷들도 이 무대에 동참할 수는 있지만, 아직 미숙하고 암컷을 사로잡는 방법을 몰라서 암컷의 선택을 받는 경우는 거의 없어. 이제 수컷들은 무대에서 폴짝폴짝 뛰어다니고, 노래부르고, 최대한 우아하게 깃털을 펼쳐. 그러면 무대 가장자리에서 이 호들갑스런 공연을 구경하던 암컷들이 나와 마음에 드는 수컷을 하나씩 골라. 당연히 가장 멋지고 아름답게 춤을 추는 수컷들이지. 선택받은 수컷들은 곧장 짝짓기에 들어가.

화려한 붉은사슴

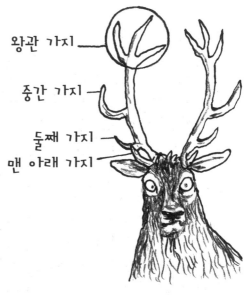

붉은사슴 수컷의 머리에는 해마다 뿔이 새로 자라. 뼈와 가죽, 털로 이루어진 아주 특이한 조직이지. 가을이 되면 수컷은 이 뿔을 자랑스럽게 치켜들고 그르렁그르렁 소리를 내며 숲속을 돌아다녀. 모두에게 자기 모습을 과시하는 거야. '나는 아주 멋지고 강해. 짝짓기 준비가 돼 있으니까 누구든 와!' 하고 외치는 것 같아. 뿔이 크고 아름다울수록 암컷에게 선택받을 가능성은 더 커져. 게다가 크고 단단한 뿔은 다른 수컷들과 결투할 때도 유리해. 뿔은 겨울이 끝나

왕관 가지

중간 가지

둘째 가지
맨 아래 가지

붉은 사슴의 늠름한 뿔

갈 무렵 그냥 머리에서 뚝 떨어져. 숲에 가 보면 그렇게 떨어진 뿔이 나뭇가지에 걸려 있거나 바닥에 떨어져 있는 것을 볼 수 있어. 뿔이 없다고 걱정할 필요는 없어. 여름이면 다시 자라니까. 새로 자란 뿔은 분명 예전 것보다 더 크고 단단할 거야.

반짝반짝 반딧불이

혹시 여름밤에 시골에서 수백 수천 개의 초록색 형광 점 같은 것들이 공중에서 춤을 추듯이 반짝거리며 날아다니는 걸 본 적이 있니? 그게 반딧불이야. 그런데 녀석들은 그냥 재미로 빛을 내는 게 아니라 아주 중요한 일을 하고 있어. 짝을 찾는 거지. 짙은 색의 이 벌레들은 낮에는 그렇게 아름답지 않지만, 밤이 되면 신비롭고 아름다운 생물로 변해. 대개 하늘을 날아다니는 건 수컷이야. 암컷은 바닥에서 이 불꽃 쇼를 구경하면서 부지런히 수컷들에게 반짝반짝 불꽃 신호를 보내. 그러면 수컷들이 찾아 내려와. 반딧불이는 종마다 자기만의 독특한 불꽃 신호가 있어. 길이와 리듬에 따라 구별되는데, 이 신호로 같은 종인 걸 알아보고 짝짓기를 해.

하지만 조심해야 할 것이 있어. 북아메리카의 반딧불이 종 가운데에는 외국어를 아주 잘하는 암컷들이 있어. 다른 종의 암컷들과 똑같은 불꽃 신호를 보낼 수 있는 녀석들이지. 거기에 속아 달려드는 수컷에게는 안타까운 운명이 기다리고 있어. 짝짓기는커녕 저녁 먹잇감이 되어 암컷의 입 속으로 빨려 들어가거든.

활짝 부채를 펼치는 공작

　수컷 공작은 커다란 부채처럼 펼칠 수 있는 아주 긴 깃털이 있어. 녀석들은 짝짓기 철이 되면 암컷들에게 자신의 화려한 모습을 보여 주려고 넓은 장소에 모여. 그런 다음 마법처럼 차르르 깃털을 펼치고는 종종걸음으로 둥글게 돌면서 강렬한 색깔의 화려한 깃을 마음껏 뽐내. 특히 꽁지깃에는 눈이 달려 있어. 물론 가짜 눈이야. 눈처럼 생긴 동그란 무늬를 말해. 이 눈이 많을수록, 그리고 이것들이 서로 정확하게 대칭을 이룰수록 암컷의 선택을 받을 가능성은 커져. 이런 수컷의 유전자를 이어받은 새끼는 당연히 다른 새끼들보다 더 튼튼하고 강할 거야. 나중에 어른이 되었을 때는 남들보다 더 화려한 부채를 펼칠 수도 있고.

창의적인 참복

　참복과의 물고기들이 암컷을 위한 보금자리를 만들 때면 예술가가 따로 없어. 수컷은 며칠 동안 끈기 있게 바다 바닥에 바짝 붙어 헤엄치면서 지느러미로 모래 속에 길게 홈을 파. 멀리서 보면 마치 바다 속에 원형의 황홀한 그림을 그려 놓은 것 같아.

　지나가던 암컷은 거기가 알을 낳기 좋은 장소라는 걸 한눈에 알아봐. 그래서 원의 가운데로 헤엄쳐 들어가 이 그림을 만든 창의적인 수컷에게 자기 아래턱을 살짝 깨물게 해. 그게 바로 짝짓기를 해도 된다는 신호야.

군함조

평소 모습 · · · · · · · · · · · 짝짓기 철의 모습

부풀리기 도사 군함조

바다 위에 떠서 암초를 표시해 주는 빨간 부표도 군함조 수컷이 짝짓기 철에 목 부분을 새빨간 풍선처럼 부풀리는 것에 대면 별것 아냐. 이 바닷새들은 정말 혼신의 힘을 다해 이 일을 해. 가장 높은 나뭇가지에 앉아 날개를 퍼덕이고 부리를 달그락거리면서 그 자극적인 색깔의 턱밑 주머니를 어마어마한 크기로 부풀려. 군함조 암컷들은 그 커다란 새빨간 풍선이 거부할 수 없는 매력으로 느껴지나 봐. 그렇지 않다면 수컷은 굳이 그런 수고를 할 필요가 없을 테니까. 아무튼 암컷의 선택이 끝나고 나면 수컷의 주머니는 언제 그랬냐 싶게 다시 쪼그라들고, 그 흔적으로 턱밑에 쭈글쭈글한 주머니만 남게 돼.

숲속의 건축가 바우어새

바우어새를 보면 정말 그렇게까지 해야 하나 싶은 생각이 들어. 수컷 바우어새는 암컷을 유혹하려고 몇 달 동안 사랑의 보금자리를 만든 뒤 온갖 것들로 예쁘게 꾸며. 녀석들한테는 암컷의 시선을 끌 만한 화려한 깃털도 없고, 멋진 춤 솜씨도 없거든. 생각해 봐. 마땅한 매력이 없으면 다른 걸로라도 관심을 끌어야 하지 않겠어? 바우어새들은 건축 기술과 성실함으로 암컷들

18

의 마음을 끌려고 해. 자 봐, 내가 세상에서 제일 아름다운 보금자리를 만들었어!

짝짓기가 끝나고 나면 힘들게 지은 보금자리도 쓸모가 없어져. 그냥 짝짓기를 하는 데만 쓰인 거야. 암컷은 나무 위 평범한 둥지에 알을 낳아.

바우어새는 종마다 보금자리 만드는 기술이 다 달라. 새틴바우어새는 파란색을 좋아해. 그래서 파란색 열매와 꽃, 깃털, 플라스틱, 유리조각 같은 것들을 모아 자기 보금자리로 오는 길을 표시해 둬. 보금자리 자체는 양쪽에 자잘한 나뭇가지들을 솜씨 있게 세워서 만든 복도와 비슷해. 심지어 취향에 따라 복도 벽을 열매즙으로 파랗게 칠해 놓는 녀석들도 있어.

나는 일등급!

황금바우어새는 이끼를 바닥에 둥글게 깔고 나뭇가지를 탑처럼 층층이 쌓아. 어떻게 보면 크리스마스트리와 비슷하게 생겼어. 주변의 쓸데없는 나뭇가지나 쓰레기는 꼼꼼하게 치워 둬. 그리고 탑 모양으로 지은 보금자리 맨 아래 가지에는 동물 털이나 애벌레 똥을 반짝거리는 실처럼 걸어 둬.

그레이트바우어새는 자기 몸 색깔처럼 회색을 좋아해. 그래서 회색으로 된 돌과 유리조각, 달팽이집, 뱀 허물, 나비 날개, 플라스틱, 병뚜껑, 이끼 같은 것들을 모아 보금자리 주변에 최대한 눈길을 끌게 뿌려 놓아. 녀석은 경쟁자의 보금자리를 몰래 이용하는 경우도 많고, 심지어 어떤 때는 다른 수컷들이 정성 들여 만들어 놓은 보금자리를 일부러 망가뜨리기도 해.

★ ★ ★

나랑 같이 춤 출래?

지그재그 춤꾼 큰가시고기

이 작은 물고기의 수컷은 짝짓기 철이 되면 정말 열심히 일해. 일단 식물 줄기나 바닷말 같은 것들을 모아 암컷이 알을 낳을 둥지를 만들어. 그다음 새빨간 배로 암컷의 눈길을 끈 뒤 암컷 앞에서 멋지게 춤을 춰. 지그재그로 몸을 홱 홱 돌리면서 자기 몸이 얼마나 민첩하고 운동 감각이 뛰어난지 보여 주는 거지. 이렇게 빠른 몸놀림으로 자신이 만든 사랑의 둥지로 암컷을 데려가. 모든 것이 성공을 거두면 암컷은 배 속에 든 알을 둥지에 쏟아내. 이제 수컷은 자신의 정액으로 알들을 수정시키기만 하면 돼. 애쓴 보람을 찾는 순간이지.

디스코 왕 공작거미

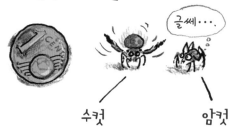

공작거미의 실제 크기

글쎄…

수컷   암컷

크고 동그란 새까만 눈, 알록달록한 엉덩이, 멋진 색깔의 털이 난 다리, 깡충거미과의 공작거미 수컷 모습이야. 늘 암컷의 눈길을 끌 만한 외모지. 하지만 교미기 때는 이런 평소의 멋진 모습만으로는 충분치 않아. 신중할 수밖에 없는 암컷이 잠시라도 걸음을 멈추고 구경할 생각이 들 만큼 멋진 춤을 출 수 있어야 해. 수컷은 뒷다리를 흔들고, 앞다리를 리듬에 맞춰 톡톡 치면서 지그재그로 춤을 춰. 그러면서 활주로에서 비행기를 안내하는 사람처럼 어느 쪽으로 가라고 신호를 보내. 마지막으로 수컷은 공작이 꽁지깃을 펼치듯 화려한 엉덩이를 들어 올려 파르르 떨기도 하고 실룩실룩 움직이기도 해. 그런데 이때 정말 조심해야 돼. 수컷의 하는 짓이 시원찮았다가는 암컷이 짝으로 받아들이기는커녕 한 끼 식사용으로 먹어 버리는 일도 왕왕 있거든.

헤어스타일이
끝내 줘!

호흡이 딱딱 맞는 뿔논병아리

혹시 아티스틱 스위밍이 뭔지 아니? 두 명 이상이 물속에서 음악에 맞춰 똑같은 동작과 율동을 하는 스포츠를 말하는데, 수중 발레라고도 해. 뿔논병아리는 뛰어난 수중 발레 선수야. 암컷과 수컷은 물 위에서 만나자마자 마치 몇 개월 간 연습이라도 한 것처럼 정교한 안무에 따라 함께 춤을 춰. 우아하게 서로를 향해 헤엄쳐 가기를 반복하다가 목을 쭉 뻗고, 박자에 맞춰 머리를 흔들고, 상대편의 배와 부리를 살짝살짝 건드려. 그러다 마지막에는 함께 물속으로 들어가 바닥의 물풀과 나뭇잎을 물고 와서는 상대편 부리 밑에다 갖다 대. 어때, 이걸로 우리 새끼들이 태어날 멋진 둥지를 만드는 게?

사랑의 발레를 추는 해마

모든 해마 커플은 본 게임에 들어가기 전에 먼저 몇 시간 동안 서로의 애간장을 태우는 결혼식 발레를 춰. 수컷과 암컷은 우아한 자세로 서로를 빙글빙글 돌아. 그러다 함께 제자리에서 빙그르르 회전하기도 하고, 서로의 꼬리를 계속 휘감기도 하지. 그때 어떤 좋은 몸 색깔이 바뀌면서 굉장히 다채로운 빛을 내기도 해. 그러다 결정적인 순간이 오면 둘은 배를 비비고, 암컷은 그 틈을 이용해 배 속에 있는 수백 개의 알을 수컷의 육아낭에 넘겨 줘. 육아낭은 알이 부화될 때까지 보호하는 수컷의 배 주머니야.

쪽쪽!

부비부비

군무를 추는 플라밍고

플라밍고 수컷은 구애할 때 혼자 하지 않아. 교미기가 되면 장밋빛 깃털의 수컷들이 군무를 추기 위해 한자리에 모여. 그때 한 마리가 목을 꼿꼿이 치켜들고 첫 걸음을 떼자마자 다른 녀석들도 함께 움직여. 군무가 시작되는 거지. 박자에 맞춰 왼쪽으로 다섯 걸음, 오른쪽으로 다섯 걸음, 그러고는 날개를 퍼덕이고, 절도 있게 고개를 왼쪽 오른쪽으로 돌려. 그 뒤엔 다른 발로 무게중심을 옮기고 처음부터 다시 시작해.

이거 무슨 냄새지?

적극적인 단봉낙타

　단봉낙타 수컷은 몇 개월 동안 오직 한 가지 생각밖에 안 해. 나는 언제 할 수 있지? 수컷은 틈나는 대로 암컷의 엉덩이에 코를 벌름거리며 특별한 냄새가 나지 않는지 확인해. 짝짓기 철이 되면 암컷의 몸에서 자동으로 풍기는 호르몬 냄새를 기다리는 거야. 심지어 어떤 때는 암컷을 발로 차고 거칠게 밀어서 오줌을 싸게 하기도 해. 암컷 엉덩이에서 나는 냄새뿐 아니라 오줌 냄새로도 짝짓기 할 준비가 되어 있는지 알 수 있거든. 그래도 도저히 참지 못하겠다 싶으면 수컷이 먼저 신호를 보내기도 해. 꼬리를 흔들어 자기 똥을 계속 여기저기에 뿌려 놓는 거야. 짝짓기 준비가 된 암컷한테는 그 냄새가 아주 향기롭게 느껴지거든.

살랑살랑~

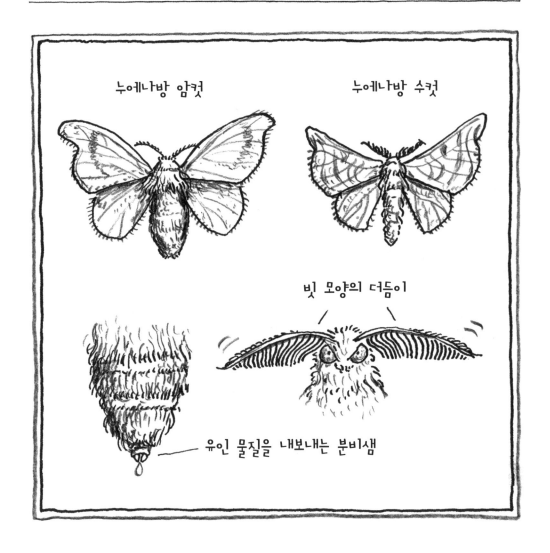

누에나방 암컷

누에나방 수컷

빗 모양의 더듬이

유인 물질을 내보내는 분비샘

예민한 냄새 탐지기를 가진 누에나방

사랑의 첫발을 항상 수컷이 먼저 떼는 건 아냐. 때로는 암컷이 먼저 유혹하기도 해. 예를 들어 특별한 방향 물질 같은 걸로 말이야. 암컷이 이런 냄새를 풍기면 수컷은 코나 더듬이, 또는 다른 후각 기관으로 귀신같이 냄새를 맡고 암컷을 찾아내. 누에나방이 그래. 수수한 외모의 밤나방인데, 암컷은 특별한 유인 물질을 분비해. 수컷은 빗 모양의 안테나처럼 생긴 더듬이 두 개를 이용해서 10킬로미터 넘게 떨어진 곳에서도 암컷의 유인 물질 냄새를 맡을 수 있어. 교실에 앉아 있으면서도 아빠가 집에서 맛있게 만들고 있는 스파게티 냄새를 맡는 것과 비슷해. 수컷은 암컷의 냄새를 맡자마자 어떤 비바람이 몰아쳐도 암컷을 향해 날아가.

거부할 수 없는 향기, 사향노루

이번에는 수컷이 풍기는 특별한 냄새에 대해 알아볼까? 사향노루 이야기야. 젊은 사향노루 수컷이 분비하는 호르몬 향은 어찌나 강한지 특별히 예민한 안테나 없이도 누구나 쉽게 맡을 수 있어. 수컷은 아랫배 분비샘에서 나오는 사향 냄새로 암컷을 유혹해. 짝짓기 준비가 된 수컷은 나무껍질이나 수풀 곳곳에 분비샘을 문질러서 영역을 표시하는데, 향은 암컷이 도저히 뿌리칠 수 없을 정도로 강해. 심지어 사향 분비물에 물을 아주 많이 타도 우리 인간까지 맡을 수 있는 정도야. 그래서 향수를 만들 때 사향을 이용하는 경우가 많아. 무언가 "섹시한" 향이 풍기거든.

아니, 마리아, 대체 왜 그러고 있어?

★ ★ ★

사랑의 노래

명가수 혹등고래

혹등고래 수컷이 길고 날카로운 소리를 내고, 신음을 뱉고, 가르랑 소리를 내며 노래하는 이유는 오직 하나야. 수 킬로미터나 수십 킬로미터 떨어진 곳에 있는 암컷이 이 노래를 듣고 어서 와 주기를 바라는 거지. 이 거대한 바다 포유류는 몇 시간, 아니 며칠 내내 멜로디를 바꾸어 가며 노래를 불러. 고향이 같은 고래들의 노래는 다 비슷비슷해. 하지만 매년 조금씩 새로운 것이 추가되면서 계속 다른 유행가가 나와. 때로는 바다 전체로 넓게 퍼져 모두가 따라 부르는 히트곡이 탄생하기도 해.

내 사랑 그대, 숨 가쁘게
바다를 헤쳐 내게로 와 주오.

나 그대 위해 노래 부르니, 내 기쁨 불태우는 것을 들어 보오.

가왕 나이팅게일

회갈색의 이 작은 새는 생긴 건 별로 특별할 게 없어. 그런데 남들보다 월등한 재주가 하나 있어. 바로 노래야. 나이팅게일은 원래 '밤꾀꼬리'라는 뜻이야. 이름에서 알 수 있듯이 수컷은 밤중에 암컷의 마음을 끌려고 몇 시간씩 노래하고 지저귀고 휘파람을 불어. 다들 노래에선 한 가락씩 한다는 새들의 세계에서도 최고의 실력을 자랑해. 수컷은 200절이 넘는 곡을 조금씩 바꾸어 가며 신비스런 목소리로 불러. 그러면 암컷들은 유심히 귀를 기울이지. 아름답고 흥미롭게 노래하는 수컷일수록 더 건강하고 튼튼할 테고, 그러면 나중에 태어날 새끼도 그런 아빠를 닮아 건강하고 힘이 셀 테니까 말이야.

듀엣 가수 긴팔원숭이

긴팔원숭이 암컷과 수컷은 솔로가 아니라 듀엣으로 노래를 불러. 그것도 길게 울리는 사이렌 같은 소리로. 이들의 목소리는 밀림 깊이 울려 퍼지고, 울창한 수풀을 뚫고 먼 곳까지 날아가. 암컷과 수컷은 일단 만나면 목소리를 조금씩 높여 가며 음을 맞춰. 화음이 잘 맞을수록 서로를 향한 마음도 점점 더 열려. 그게 음악의 힘이야.

울림이 깊은 목소리, 플레인핀미드쉽맨물고기

물고기는 소리를 내지 못한다고? 절대 그렇지 않아. 어떤 물고기는 물속에서 아주 놀라운 소리를 내. 가르랑거리는 소리, 삑삑거리는 소리, 노랫소리, 딱딱거리는 소리, 울부짖는 소리, 꽥꽥거리는 소리 등 종류도 다양해. 그중에서도 특히 소리를 잘 내는 어종은 플레인핀미드쉽맨물고기야. 녀석은 암컷을 유혹하려고 아름다운 사랑의 세레나데를 불러. 그것도 허밍처럼 깊게 울리는 목소리로 몇 시간씩 노래하지. 여러 마리가 함께 소리를 낼 때면 물 밖까지 울림이 전달되어 바다 위에 떠 있는 배의 벽이 떨리기도 해. 플레인핀미드쉽맨물고기가 근육으로 부레를 진동시켜서 내는 소리는 꼭 고장 난 전기톱 같아.

평소에 암컷은 수컷이 내는 이 허밍 소리를 잘 듣지 못해. 그러다 알을 낳을 때가 되면 잘 들리기 시작해. 그 무렵에만 암컷의 속귀에 변화가 생겨서 갑자기 그 소리가 귀에 들어와 수컷의 유혹에 넘어가거든. 수컷은 이미 보금자리를 만들어 놓고 크게 허밍 소리를 내며 장차 자기 새끼들의 엄마가 될 암컷이 짝짓기를 하러 오기만 기다려.

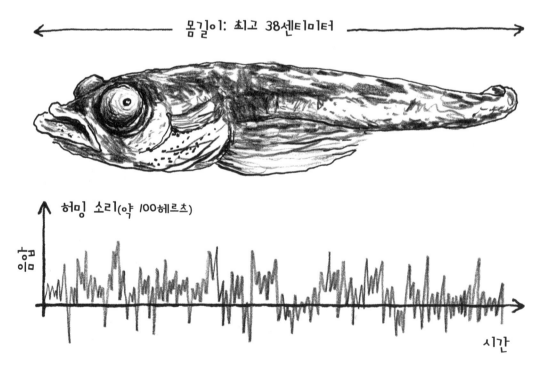

몸길이: 최고 38센티미터

허밍 소리(약 100헤르츠)

음량

시간

관악기 연주자 개구리

여름밤 다른 동물들이 잠자리에 들 때쯤이면 개구리들은 그제야 본격적인 음악회 준비를 시작해. 수컷들이 암컷의 관심을 끌려고 목청껏 울어대는 거지. 그와 함께 여러 음색의 목소리가 어우러진 콘서트가 열려. 수면과 나뭇잎 위를 폴짝폴짝 뛰어다니는 개구리들은 울음주머니를 이용해서 소리를 내. 울음주머니는 입 꼬리 양쪽으로 불룩 솟기도 하고, 턱 밑에 커다란 풍선처럼 부풀어 오르기도 해. 울음주머니가 더 크게 부풀수록 암컷을 부르는 소리도 점점 더 커져.

입 밑의 커다란 울음주머니

입 옆의 울음주머니

★　★　★

경쟁자들끼리의 결투

킥복싱 선수 캥거루

짝짓기 철이 되면 수컷 캥거루 두 마리는 암컷
한 마리를 두고 치열하게 싸워. 그런데 싸우는 게
꼭 킥복싱 선수들 같아. 상대를 향해 껑충껑충
달려가 때리고 밀치고 하다가, 부둥켜안고
한참을 씨름해. 어떤 때는 강한 뒷다리로
사정없이 걸어차서 상대에게 중상을
입히기도 해.

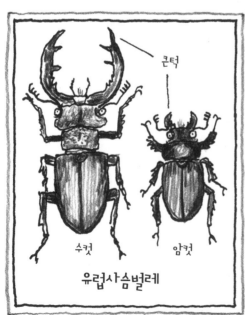

큰턱

수컷   암컷

유럽사슴벌레

밀어내기 선수 유럽사슴벌레

유럽사슴벌레의 머리 쪽에 양쪽으로 벌어
져 있는 건 뿔이 아니라 실은 큰턱이야. 수컷
들이 암컷을 차지하려고 싸움을 벌일 때 사
용하는 것이 바로 이거지.

두 마리 경쟁자는 혼신의 힘을 다해 상대
를 나뭇가지에서 밀어내거나 들어 올려서 내
동댕이치려고 해. 나뭇가지에 끝까지 남은
녀석이 승리자인데, 승리에 대한 보상으로
암컷과 짝짓기 할 자격을 얻게 돼.

박치기 선수 사향소

사향소 수컷들이 싸우는 모습은 그다지 점잖지 않아. 녀석들은 멀리서부터 서서히 시동을 걸다가 머리를 숙이고 순간적으로 상대를 향해 힘차게 돌진해. 그러면 머리 두 개가 사정없이 부딪치면서 쿵 하는 천둥 치는 소리가 들리지. 이런 식의 충돌은 어느 한쪽이 포기해서 꽁무니를 뺄 때까지 계속돼.

다행히 사향소들은 태어날 때부터 머리가 바위처럼 단단해. 이마에 달려 있는 넓적한 뿔 판이 완충 작용을 하거든. 아마 그게 없었다면 부딪치는 순간 둘 다 머리가 박살 났을 거야. 승리를 거둔 수컷은 강력한 새 경쟁자가 나타나 도전할 때까지 모든 암컷을 독차지해.

보기와 달리 꽤 사나운 얼룩말

얼룩말들은 보기와는 달리 그리 온순하지 않아. 특히 암컷을 두고 경쟁을 벌여야 할 때면 수컷들은 목으로 서로를 공격하고, 다리를 깨물고, 뒷발로 인정사정없이 걷어차. 그래서 피투성이 상태로 싸움이 끝나는 경우도 많아.

네가 제일 예뻐, 네가 최고야,
네가 제일 똑똑하고 제일 아름답고···

두들겨 맞는 숲멧토끼

숲멧토끼 수컷들은 자기들끼리 먼저 승부를 겨루어야 해. 달리기 시합, 앞발 복싱, 급격한 방향 틀기로 추격자 따돌리기가 주 종목이야. 그런데 게임에서 승리했어도 끝이 아냐. 좋아하는 암컷의 시험까지 통과해야 장차 태어날 새끼들의 아빠가 될 수 있어. 그러니까 수컷은 일단 암컷한테 실컷 두들겨 맞고 나서야 짝짓기를 할 수 있어.

뿔로 끝장을 보는 붉은사슴

발정 난 수컷 사슴들은 틈나는 대로 시범 경기에 나서. 경기장에 아무도 없을 때는 닥치는 대로 아무 나무나, 땅바닥이라도 뿔로 들이받아야 직성이 풀려. 경쟁자 두 마리가 만났을 때는 둘 중 하나가 완전히 나가떨어질 때까지 쉬지 않고 싸워. 둘은 일단 상대를 향해 힘차게 돌진해서 쾅 부딪힌 뒤, 뿔이 걸린 상태에서 사력을 다해 상대를 밀어 붙여. 그러다 보면 언젠가는 하나가 항복 선언을 하게 돼. 발정기가 끝나면 수컷들은 완전히 녹초가 되어 버려. 어떤 녀석들은 몸무게가 30킬로그램이나 빠지고, 제 몸 하나 버티지 못해 비틀거리기도 해.

드문 일이기는 하지만, 이렇게 치열하게 싸우다 보면 뿔 두 개가 서로 걸려 빠지지 않는 경우가 있어. 정말 난감한 상황이지. 최악의 경우엔 둘 다 그 상태로 굶어 죽기도 해.

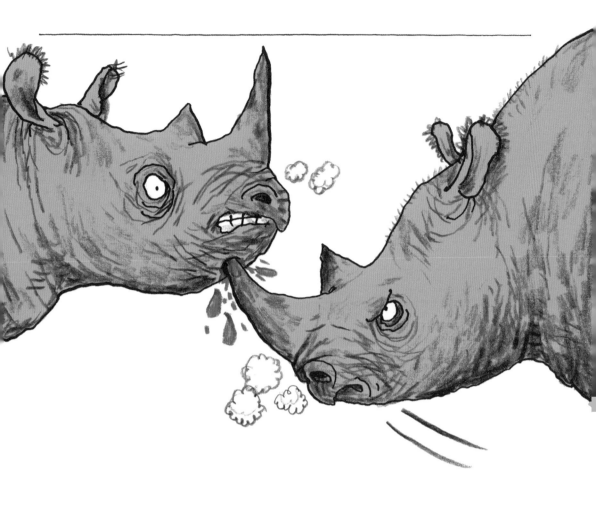

찌르기 선수 검은코뿔소

코뿔소는 크고 단단한 뿔을 주로 짝짓기 철에 전투 도구로 사용해. 검은코뿔소는 그런 뿔이 심지어 두 개나 있어. 구애의 감정으로 예민해진 수컷 두 마리가 길을 가다가 만나면 드물지 않게 피 튀기는 싸움을 벌여. 둘은 처음엔 머리를 땅에 박고 조심조심 접근해. 그러다 뿔을 이쪽저쪽으로 흔들면서 위협하듯이 뒷발로 땅바닥을 북북 긁다가 갑자기 튀어나가. 정말 한순간이지. 심할 경우 이 싸움은 둘 중 하나에게 치명상을 입히기도 해. 뾰족한 뿔이 상대의 몸을 깊숙이 찔러 회복할 수 없는 상처를 남기거든.

이따금 서로 위협만 하고 끝날 때도 있어. 그럴 때면 두 수컷은 충돌 직전에 갑자기 뜀박질을 멈추고는 등을 돌려. 눈이 근시라서 가까이 다가와서야 지금 자신이 어떤 상대와 맞서고 있는지 본 거지. 그래서 이 정도면 체면은 세웠다 생각하고 제 갈 길을 가.

드디어 성공했어!
짝짓기

짝짓기?
지금은
좀 빠른데······

거의 모든 생물이 짝짓기를 해. 그게 자기 종을 계속 보존하고 발전시키는 유일한 방법이기 때문이야. 대부분의 동물은 새끼를 가질 때가 되면 열심히 짝짓기 상대를 찾아나서.

동물 종마다 짝짓기 하는 방식과 장소는 정말 천차만별이야. 심지어 같은 종 안에서도 개체마다 조금씩 다를 수 있어. 하지만 기본 원리는 거의 똑같아. 어떤 식으로건 수컷의 정자와 암컷의 난자가 하나로 합쳐져 이 세상에 오직 하나뿐인 새 생명을 만들어 내는 거지.

 **포유류**는 어미가 새끼를 젖을 먹여 키운다고 해서 붙여진 이름이야. 정자와 난자가 합쳐지는 걸 '수정'이라고 하는데, 수정은 수컷의 **딱딱한 생식기**에서 나온 정액이 암컷의 질로 들어가 난자를 만나는 식으로 이루어져. 새끼는 '아기집'에 해당하는 자궁에서 자라다가 어미의 질을 통해 세상에 나와. 가끔은 여러 마리가 한꺼번에 태어나기도 해.

 **어류**의 번식 방법은 다양해. 대부분의 물고기 종은 암컷과 수컷이 동시에 난자와 정액을 물속에 쏟아 내. 그러면 자연스럽게 난자가 떠다니면서 정자를 만나. 이렇게 난자와 정자가 하나로 합쳐진 수정란은 가라앉아 안전한 물풀 사이에서 자라고, 때가 되면 작은 물고기가 알을 깨고 나와. 가끔 암컷의 몸속에서 수정이 이루어지는 어종도 있어. 그럴 경우는 수컷이 정자를 암컷 몸속에 밀어넣는 데 필요한 특별한 지느러미를 갖고 있는데, 포유류의 음경과 비슷한 역할을 해. 다 자란 새끼는 어미 몸속에서 부화해서 세상으로 나와.

곤충은 대부분 수컷의 정자에 의해 수정된 뒤에 알을 낳아. 어떤 수컷들은 정자를 건네주는 데 필요한 음경 비슷한 기관이나 특수한 촉수 같은 게 있어. 또 어떤 녀석들은 끈끈하게 달라붙은 정자 뭉치를 그냥 바닥에 놓아두면 암컷이 생식 구멍으로 그것을 쏙 집어넣어.

조류는 암컷의 몸 안에서 수정이 이루어져. 대부분의 새들은 수정을 위해 총배설강(배설 기관과 생식 기관을 겸한 구멍)을 몇 초 동안 맞대. 그러면 수컷의 정액이 암컷의 총배설강을 통해 난자로 흘러들어가. 수정란은 암컷의 몸 안에서 단단한 석회질 껍질에 둘러싸여. 암컷은 미리 만들어 놓은 둥지에 이 알을 낳고 부화시키지.

양서류는 물에서도 살고 육지에서도 살아. 수정은 주로 물속에서 이루어지고, 다 자라지 않은 새끼가 물속에서 알을 깨고 나와. 수컷은 암컷 위에 찰싹 달라붙어 있을 때가 많은데, 그건 암컷이 알을 낳는 순간을 놓치지 않고 재빨리 정자를 뿌리기 위해서야.

거미류 거미의 수컷은 주사기처럼 정액을 채워 놓는 특수한 도구인 수염 기관이 머리에 달려 있어. 암컷이 허락하면 수컷은 수염 기관을 잽싸게 암컷 생식 구멍에 꽂은 뒤 최대한 빨리 정자를 흘려보내야 해. 거미 암컷은 짝짓기 뒤에 수컷을 잡아먹는 걸로 유명하거든.

파충류는 수컷이 음경과 비슷하게 생긴 기관으로 알을 수정시켜. 정자를 암컷의 총배설강으로 안내하는 통로 같은 역할을 하는 기관이지. 대개 땅에 알을 낳고, 그 알들은 따뜻한 모래 바닥에서 부화돼. 종에 따라 어미 배속에 그대로 있다가 부화해서 나오는 경우도 있어.

난자에 이르는 다양한 방법

포유류

이건 돼지야.

음경

암컷의 질

↑
두 다리 사이에 축 늘어져 있는 고환

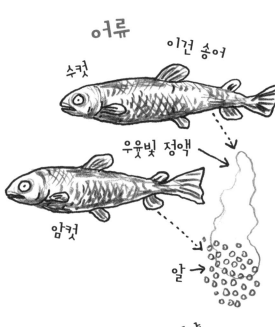

어류

이건 송어

수컷

우윳빛 정액

암컷

알

양서류

이건 개구리야.

정자

알

총배설강

이건 '구피' 라는 물고기야.

꼬리 지느러미

파충류

이건 뱀이야.

총배설강

음경

거미류

이건 타란툴라야.

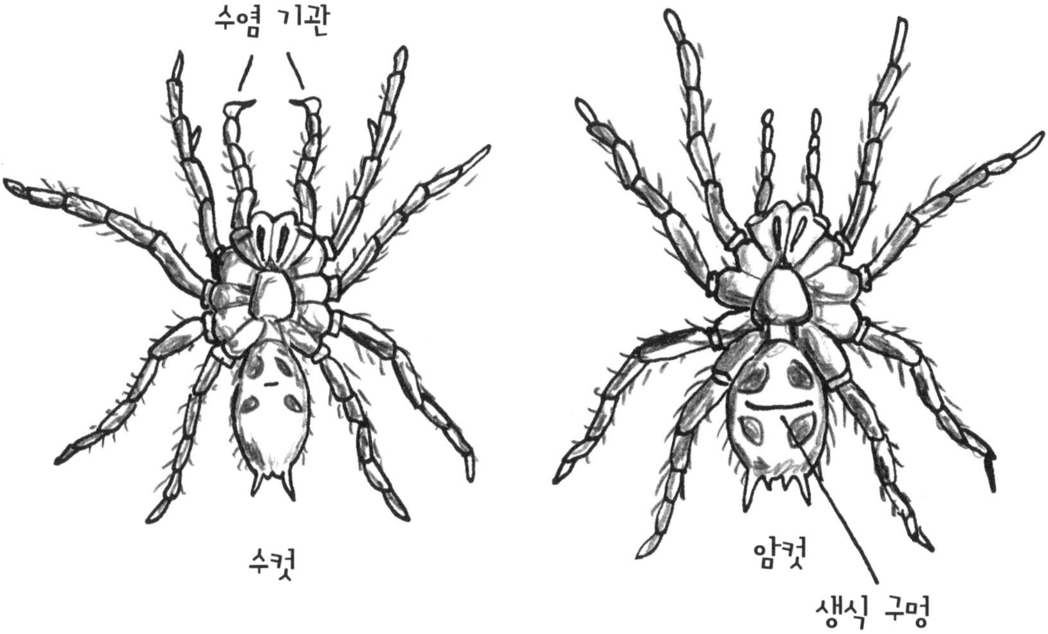

수염 기관

수컷

암컷

생식 구멍

조류

이건 닭

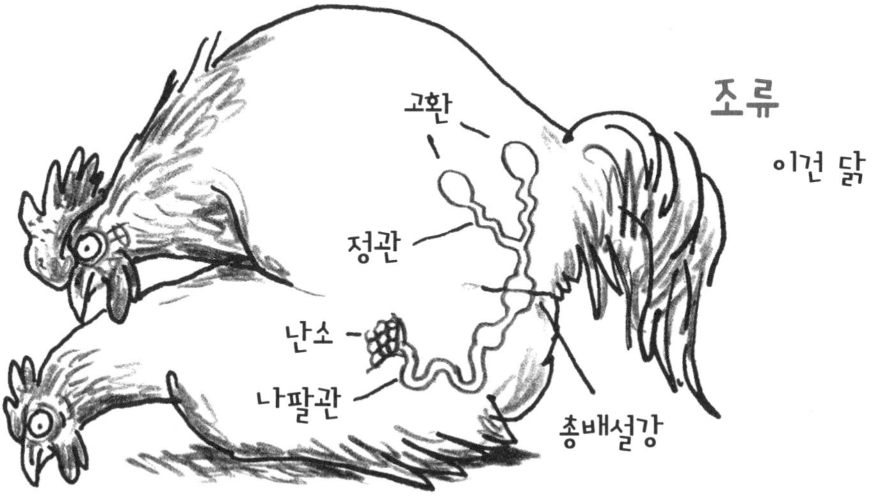

고환

정관

난소

나팔관

총배설강

곤충 이건 파리야.

수컷→

암컷↑

생식 구멍

41

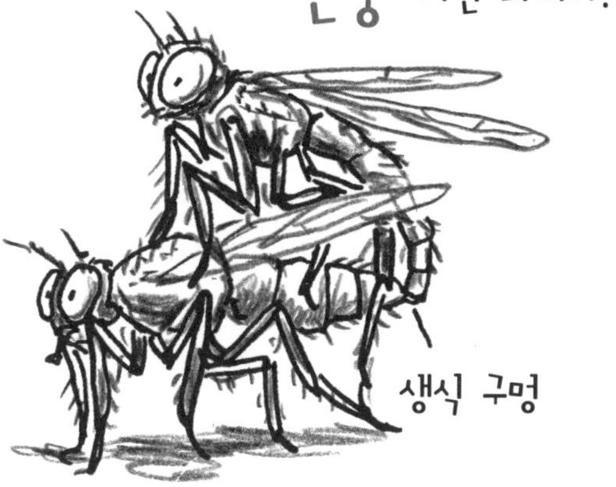

짝짓기를 아주 드물게 하거나, 거의 하지 않는 동물

그날만 기다리는 개미

여왕개미는 단 한 번의 짝짓기로 개미 나라 전체를 유지해. 짝짓기 할 무렵이 되면 여왕을 비롯해 모든 수개미는 등에 날개가 자라기 시작하지. 그러다 어느 날 다함께 결혼식 비행을 위해 떼 지어 날아오르고, 웽웽거리는 수많은 검은 점들이 마치 구름처럼 공중을 떠다녀. 여왕개미는 수컷 몇 마리와 짝짓기에 성공하면 스스로 날개를 떼 버리고 안전한 곳에서 알을 낳기 시작해. 이제 개미 왕국을 세울 만큼 충분한 양의 정자를 몸속에 모은 거야. 수개미들은 결혼식 비행을 마치고 나면 모두 죽어. 이제 이 세상에서 해야 할 일이 없거든.

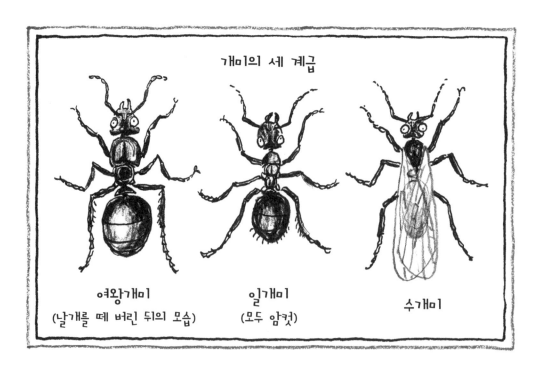

개미의 세 계급

여왕개미
(날개를 떼 버린 뒤의 모습)

일개미
(모두 암컷)

수개미

여왕개미는 짝짓기로 모은 정자를 아랫몸에 보관해 둬. 수백만 개의 알을 수정시킬 수 있는 양인데, 여왕은 그걸 한꺼번에 다 쓰지 않고 일부를 남겨 둬. 알에서 충분한 수의 일개미들이 태어나면 여왕에게 남은 건 딱 한 가지야. 알을 또 만들어 내서 저장해 둔 정자와 수정시킬지 말지 결정하는 거지. 나머지 중요한 일들은 일개미들이 다 처리해. 예를 들면 먹이를 찾고, 집을 만들고, 새끼를 키우는 일 말이야.

수개미들은 수정되지 않은 알에서만 태어나. 개미 왕국에서는 수개미들이 해야 할 일이 많지 않아. 기껏해야 다음번 결혼식 비행 때 정자를 기증하는 정도지.

아무 욕구가 없는 대왕판다

판다는 욕구가 거의 없어. 짝짓기에 대한 욕구는 말할 것도 없고. 판다는 평생을 바닥에 앉아 대나무 잎을 씹고, 또 씹고, 또 씹기만 해. 그것도 하루에 16시간씩이나. 어쩌면 녀석들한테는 그조차도 아주 힘든 일이어서 다른 것에 관심이 없는지도 몰라. 물론 암컷이 짝짓기에 관심을 보일 때가 있어. 1년에 이틀 정도 말이야. 하지만 적극적이지는 않아. 해도 그만, 안 해도 그만이라는 식이야. 그러다 보니 이 세상에 판다가 보기 드문 건 당연해.

43

아무한테도 안 보여 줄 거야, 뱀장어

뱀처럼 생긴 이 물고기가 정확히 어떻게 번식하는지는 지금까지도 완전히 밝혀지지 않았어. 왜냐하면 짝짓기 철이 되면 뱀장어는 누구도 볼 수 없고 누구도 방해하지 않는 깊고 깊은 물속으로 헤엄쳐 가거든. 다만 한 가지는 확실해. 수천 킬로미터가 넘는 긴 여행을 통해 자기가 태어났던 곳으로 돌아간다는 거지.

뱀장어는 아주 깊은 물속에서 알을 낳고 수정시켜. 그것도 평생 단 한 번만. 뱀장어 새끼들은 알에서 깨어나면 곧 긴 여행을 떠나. 그러다 언젠가는 자기 부모들이 그랬던 것처럼 짝짓기를 위해 다시 깊은 물속으로 들어갈 거야.

평생에 딱 한 번, 벌

수벌은 평생 딱 한 번만 짝짓기의 행복을 누려. 물론 여왕벌과의 결혼식 비행이 수벌들에게 그리 즐거운 일인지는 확실치 않지만. 짝짓기 할 때 정자가 여왕벌의 생식기 안으로 흘러들어 가려면 수벌의 꽁지 부분이 "터져야" 하거든. 수벌의 음경이 부러져 여왕벌 몸에 그대로 꽂히

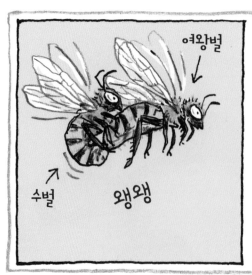

는 경우도 많아. 수벌들은 이렇게 비행 중에 떨어져 죽어. 물론 목숨이라는 값비싼 대가를 치렀지만 자신의 사명은 다했어. 종을 보존할 수 있게 되었으니 말이야.

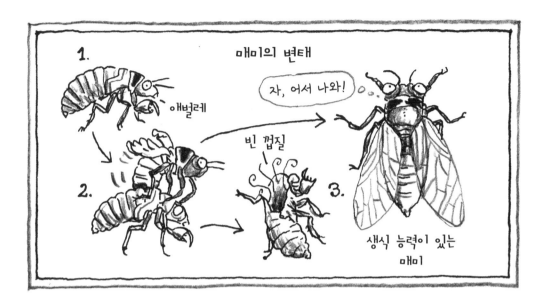

17년마다 한 번, 매미

미국의 한 매미 종은 수컷과 암컷이 만나는 데 정말 어마어마한 시간이 걸려. 녀석들은 17년 동안 애벌레 상태로 숲속의 깊은 땅속에서 꿈틀거리다가 어떤 은밀한 신호에 따라 어느 날 밤 한꺼번에 땅 위로 올라오기 시작해. 그것도 짝짓기라는 단 하나의 목표를 갖고서 말이야. 흙을 뚫고 올라온 수십억 마리의 매미는 나무줄기와 나뭇잎, 나뭇가지에 매달려 변태를 시작해. 셀 수 없을 만큼 많은 애벌레들이 껍질을 벗고 떼 지어 성충으로 변하는 모습은 한마디로 장관이야. 나무에 달라붙은 매미 애벌레의 등에서 갑자기 딱딱한 등껍질이 튀어나오고, 날개가 비집고 나와. 껍질을 벗은 수매미는 곧 귀가 아플 정도로 시끄럽게 암컷을 부르기 시작해. 녀석들에게 남은 시간은 몇 주밖에 안 되기 때문이지. 짝짓기를 끝내고 알을 낳으면 매미들은 모두 죽어. 대신 그 새끼들이 17년 동안 땅 밑에서 웅크리고 있다가 어느 날 땅 위로 다시 올라와 각자의 짝을 찾을 거야. 17년 동안 기다린 시간이 헛되지 않기 위해서.

자주 하는 동물, 쉬지 않고 하는 동물

건강까지 해치는 검은안테키누스

이 주머니쥐의 일종인 수컷들은 일단 성적으로 성숙하면 말릴 수가 없어. 머릿속에 오직 한 가지 생각밖에 없거든. 오스트레일리아 남동부에서는 매년 비슷한 시기에 동네마다 주머니쥐들이 다 모여. 짝짓기를 위해서지. 수컷들에겐 다른 건 눈에 들어오지 않아. 오직 최대한 많은 암컷들과 몇 시간이고 며칠이고 짝짓기를 하겠다는 생각밖에 없어. 수컷들은 먹고 마시는 것도 잊은 채 성호르몬이 시키는 대로 숲속을 바쁘게 뛰어다니며 짝짓기를 해. 그러다 보면 얼마 지나지 않아 몸에 힘이 쭉 빠지면서 다리까지 후들거려. 그런데도 새로운 암컷을 찾아다니는 것을 멈추지 않아. 며칠 뒤 녀석들은 완전히 녹초가 되고, 그 상태로 얼마 안 가 고통스러운 죽음을 맞아.

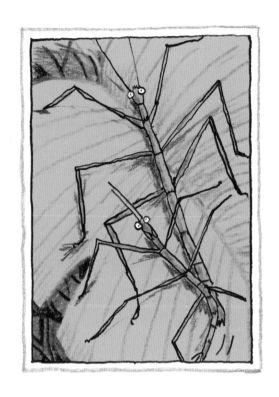

장기전의 선수 대벌레

대벌레 수컷은 짝짓기를 위해 자기보다 몸집이 훨씬 큰 암컷 등에 꼬박 10주 동안 찰싹 달라붙어 있어. 그 상태로 반복해서 암컷 몸에 음경을 넣고 정자를 흘려보내. 이 지구전 전략은 머리를 잘 쓴 것 같아. 암컷을 장시간 독차지할 수 있으니까 말이야. 이 기간 동안은 다른 수컷이 비집고 들어올 틈이 없어. 암컷한테도 등 위에 올라탄 수컷의 무게는 아주 가뿐해 보여.

때를 가리지 않는 보노보

보노보는 유인원에 속해. 가족 단위로 무리 지어 생활하고, 평화를 사랑하고, 늘 편안하고 느긋한 감정을 유지하는 동물로 알려져 있어. 그럴 수 있는 가장 중요한 이유는 화해와 소통의 수단으로 성생활을 즐기기 때문이야.

집단생활을 하는 다른 포유류는 늘 누가 가장 힘이 세고 가장 덩치가 큰지 따지는 것이 중요한데, 침팬지 친척인 이 귀여운 유인원들은 그런 권력 다툼이 필요 없어. 녀석들은 무엇보다 육체적인 애정 표현을 통해 서로 사이좋게 지내. 틈날 때마다 입을 맞추고 쓰다듬고, 다양한 형태로 성행위를 즐기면서 유쾌하고 편안한 감정을 유지해. 먹이를 두고 다툼이나 마찰이 생겨도 육체적인 접촉을 통해 금방 화를 풀어. 이때 상대가 누군지는 별로 중요하지 않아. 그냥 아무하고나 성행위를 해. 그래서 혹시 불화가 생겨도 아주 단순하고 빠르게 해결돼. 시간도 오래 걸리지 않아. 5초 남짓이면 충분해.

싸우는 것보다 훨씬 더 좋지!

가끔 수컷들은 나뭇가지에 대롱대롱 매달린 채 빳빳한 생식기를 서로 맞댄 채 만져 줘. 그건 암컷들도 마찬가지야. 생식기를 맞대고 서로 비비다가 어느 순간 성적 쾌감이 절정에 이르면 끼이익 끼이익 소리를 질러. 이런 식으로 보노보들은 별 갈등 없이 평화롭게 살아.

쉴 틈이 없는 사자

암사자가 발정기에 이르러 짝짓기 할 채비를 마치면 암사자와 수사자는 무척 바빠져. 며칠 동안 함께 지내면서 하루에 많게는 마흔 번이나 짝짓기를 하거든. 수사자는 10분에서 15분마다 한 번씩 줄곧 암사자의 등 위에 올라가 짧고 격렬하게 교미를 해.

이렇게 연속으로 짝짓기를 하는 건 상당히 힘들어. 수사자 한 마리가 무리에서 우두머리 자리를 오래 지키지 못하는 데는 그런 이유도 한몫해. 녀석들에겐 암사자들을 거느릴 시간이 불과 몇 년밖에 주어지지 않아. 그 이후에는 대개 젊은 수사자들에게 내쫓겨 혼자서 야생의 삶을 헤쳐 나가야 해.

도와줘,
나도 휴식이 필요해!

모두 다함께 하는 동물

이웃집에 노크하는 따개비

따개비는 동물계에서 몸 크기에 비해 가장 긴 생식기를 갖고 있어. 당연히 그게 필요해서겠지. 따개비는 애벌레 단계를 거치고 나면 평생을 강력 접착제로 붙인 것처럼 바닥에 찰싹 달라붙어서 살아가. 돌이나 바위에 붙어 있기도 하고, 어떤 때는 고래처럼 큰 생물의 몸에 붙어서 살아가기도 해. 그것도 군락을 이루어서 말이야. 그러다 번식기가 되면 수컷의 몸에서 긴 생식기가 나와 이웃의 따개비들을 하나씩 더듬거려. 그중에 혹시 짝짓기를 할 준비가 된 암컷이 있는지 찾는 거야.

암컷을 찾아다니는
수컷 생식기

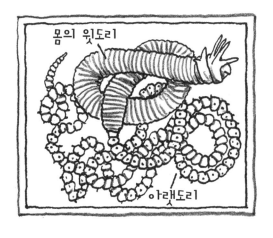

몸의 윗도리

아랫도리

집단 짝짓기, 팔롤로

이 바다 생물은 동시에 짝짓기를 해. 1년 중 어느 특정한 밤이 되면 남태평양 사모아 섬 앞의 산호초 밭에 주변에 사는 모든 팔롤로가 모여들어. 그런 다음 누가 지시라도 한 것처럼 일제히 아랫도리를 몸에서 떼어 내 물속으로 방출해.

얼마 뒤 팔롤로들의 아랫도리가 우글거리며 수면 위로 떠올라. 그러다 해수면에 도착하면 아랫도리가 터지면서 그 속에 보관되어 있던 소중한 난자와 정자가 쏟아져 나오고, 그와 함께 그것들이 합쳐져서 하나의 덩어리를 형성해. 그 안에서 집단으로 짝짓기가 이루어지는 거지.

사모아 섬 앞의 환상적인 집단 생식 파티라고나 할까! 이렇게 섞여서 짝짓기를 하는 바람에 누가 누구의 짝인지 알아내는 건 불가능해.

바다 밑에 남은 팔롤로들은 아랫도리를 떼어내고도 몸 성히 산호초 틈에 머물며, 잃어버린 아랫도리를 서서히 다시 만들어 내기 시작해. 그래야 이듬해에도 모여 동시에 짝짓기를 할 수 있으니까.

바다 속 눈보라를 일으키는 돌산호

겉으로 보면 돌산호는 꼭 감탄스런 색깔의 수중 식물처럼 보여. 그것도 물고기를 비롯해 다른 바다 생물들에게 집과 피신처를 제공해 주는 고마운 식물 말이야. 하지만 산호는 동물이야. 가끔 '꽃 동물'이라고 불리는 것도 그 때문이지. 어쨌든 이 아름다운 생물은 식물처럼 평생을 한 곳에 머무는데, 그렇게 고정된 상태에서 아주 천천히 자라면서 뼈처럼 단단해져.

1년 중 어느 날 밤 번식 철이 시작되면 산호초 주변에서 추운 겨울밤 눈보라가 치는 것 같은 광경을 볼 수 있어. 모든 산호가 동시에 수십 억 마리의 정자와 난자를 물속에 내보내고, 거기서 새로운 아기 산호들이 만들어져. 아주 쪼그만 이 아기 산호들은 해류와 파도에 실려 몇 주 동안 이리저리 떠다니다가 머나먼 어느 바다 밑에 달라붙고, 거기서 새로운 꽃 동물로 영원히 정착해서 살아가.

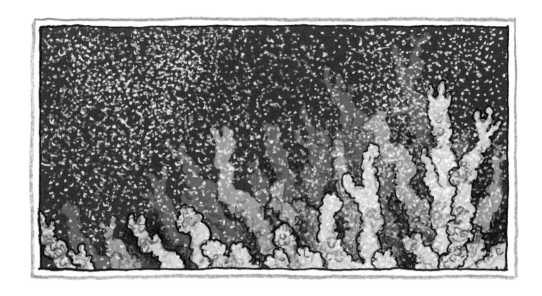

층층이 짝짓기, 짚신고둥

짚신고둥을 밑에서부터 살펴보면 정말 짚신이나 실내화와 비슷하게 생겼어. 그보 다 더 재미있는 건 녀석들이 암수한몸이라 는 사실이야. 암컷이기도 하고 수컷이기도 하다는 뜻이지. 그런데 놀라운 것은 암수 양성을 동시에 갖고 있는 것이 아니라 서서 히 성을 바꾼다는 거야. 어떻게 가능하냐 고? 녀석들한테는 가능해. 서로의 몸을 층 층이 쌓아 가면서 말이야. 탑 모양으로 그 렇게 층층이 붙어 있는데도 살아가고 번식 하는 데는 아무 문제가 없어.

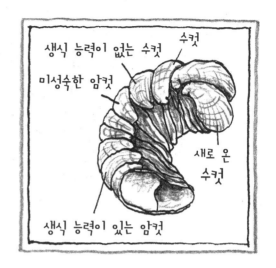

젊은 수컷 고둥은 짝을 찾아 돌아다니다가 드디어 암컷을 만나면 무턱대고 등에 올라가 찰 싹 붙어 버려. 그러고는 생식기를 길게 늘어뜨린 뒤 암컷 몸속에 집어넣어 짝짓기를 해. 아주 느긋하게 새끼를 만들 수 있는 자세인 거지. 다행히도 자연은 거기에 딱 맞는 장비를 짚신고둥 들에게 마련해 주었어.

수컷 고둥은 한동안 그 상태로 계속 짝짓기를 해. 이때 다른 수컷이 나타나서 무작정 이 이층 탑의 꼭대기로 올라가서 마찬가지로 찰싹 들러붙어. 그러면 이제 놀라운 변신이 시작돼. 아래 층에 있는 수컷이 서서히 암컷으로 변하는 거야. 새로 온 수컷은 그렇게 변한 아래층 녀석에게 짝짓기를 시도해. 이런 식으로 열두 마리까지 층을 쌓을 수 있어. 맨 위에는 수컷 한 마리가, 그 밑으로는 막 암컷으로 변하는 중간 상태의 고둥과 암컷들이 자리하고 있어. 중간 상태의 고둥 은 아직 암컷이 아니라서 생식 능력이 없어.

스파게티 짝짓기, 뱀

짝짓기 하는 뱀들을 보고 있으면 가끔 큰 접시에 담긴 스파게티 같다는 생각이 들어. 그런 스 파게티 짝짓기에 몇 마리가 참여하는지는 뱀의 종류에 따라 크게 차이가 나. 어떤 종은 두 마 리만 짝짓기를 하고, 어떤 종은 수천 마리가 동시에 하기도 해. 수천 마리의 암컷과 수컷이 서

로 몸을 휘감고 뒤틀고 비비는 것을 보다 보면 정말 그렇게 혼란스러운 모습이 있을까 싶어. 몇 시간에 걸친 이런 애무가 끝나면 암컷과 수컷은 마침내 서로의 총배설강을 맞대. 수컷은 갈고리 같은 돌기가 달린 한 쌍의 음경을 밖으로 뒤집으면서 그중 하나를 암컷의 총배설강에 밀어 넣어. 이제 두 마리는 서로 몸을 뺄 수 없을 정도로 단단히 걸리게 돼. 짝짓기 중에 수컷은 암컷을 놀라게 하지 않는 게 좋아. 암컷이 놀라 달아나면 음경이 단단하게 꽂힌 채로 수컷도 함께 끌려갈 수밖에 없거든. 그러면 얼마나 아플까! 다행히 수컷에게는 음경이 하나 더 있어.

누구든 상관없어, 무당벌레

이제 내 차례야!

무당벌레는 짝짓기 행위를 좋아해. 그래서 겨울의 휴식기가 지나자마자 바로 짝짓기를 시작해. 그것도 상당히 지속적으로. 수컷은 하루에 무려 18시간이나 암컷의 등에 올라가 몸속으로 정자를 흘려보내. 이틀 뒤에는 다른 수컷이 암컷을 찾아와서 정자를 건네고, 그다음, 또 그다음에도 다른 수컷이 찾아와. 이처럼 짝짓기는 수없이 이루어져. 아무나하고 짝짓기를 하기 때문에 병을 일으키는 기생충도 급속도로 퍼질 수 있어. 그래도 무당벌레들은 아무 상관없나 봐. 계속 즐겁게 짝짓기를 하는 걸 보면 말이야. 하긴 자손 번식의 의무를 이미 다했기 때문에 언제 죽어도 괜찮을 거야.

아주 가까이서, 아주 멀리서

원격 조종, 조개낙지

조개낙지는 깊은 물에 사는 특별한 낙지 종이야. 이런 이름이 붙은 건 암컷이 종이와 비슷한 재질의 조개껍데기 속에 살아서 그래. 수컷은 암컷에 비하면 몸집이 아주 쪼그맣고 껍데기도 없어. 대신 다른 특별한 점이 있어. 엄청나게 긴 생식기 다리를 갖고 있거든. 때가 되면 수컷은 이 다리를 그냥 몸에서 떼어 내 암컷이 있는 쪽으로 흘려보내. 생식기 다리는 암컷의 배 속에 도착하자마자 그 안에 있던 정자 뭉치를 터트리면서 소중한 정자들을 쏟아 내. 어떤 암컷들은 이렇게 품에 들어온 수컷의 생식기 다리를 마치 전리품처럼 조개껍데기 안에 모아 두기도 해.

영원히 하나가 되는 심해아귀

바다의 무한히 깊은 어둠 속에서는 먹이를 구하거나 짝을 찾는 일이 간단치 않아. 그 때문에 심해아귀 암컷은 최고의 장비를 갖추고 있어. 이마에 달린 일종의 손전등 같은 장비가 그거야. 녀석은 이걸로 눈앞을 밝혀 먹이를 낚을 뿐 아니라 평생을 함께할 수컷도 유인해. 그에 맞게 수컷도 아주 뛰어난 눈과 후각 기관을 갖고 있어. 그렇지 않으면 둘은 서로를 알아보지 못하고 그냥 지나치고 말 거야. 수컷은 암컷과 비교해서 믿을 수 없을 정도로 작고 깃털처럼 가볍거든. 암컷의 60분의 1밖에 안 되는 수컷은 심해의 깊은 어둠 속에서 눈에 띄지 않고 소리 없이 헤엄쳐 다녀.

휴, 이제 먹고살 걱정은 없겠다! →

그러다 언젠가 둘이 만나게 되면 수컷은 암컷의 몸을 물고 놓지 않아. 그 뒤부터는 서서히 암컷과 하나가 되고 마지막에는 암컷 몸의 일부로 변해. 수컷의 창자, 눈, 아가미 같은 대부분의 기관은 거의 완전히 퇴화하고, 혈액 순환도 암컷 몸과 연결돼. 이런 식으로 심해아귀 수컷은 이제부터 먹이를 구할 걱정을 덜고, 평생 암컷의 알을 수정시키면서 살아가. 죽음에 이를 때까지 둘은 하나인 거지.

스쳐 지나가듯이, 해파리

해파리는 수백만 년 전부터 바다에 살았어. 신비스런 낙하산 같은 모습으로 물속을 미끄러지듯이 헤엄쳐 다니는데, 몸의 99퍼센트가 물로 이루어져 있어. 해파리에게는 심장도 뇌도 없고, 신경 세포도 거의 없어. 오직 옅은 보라색의 생식기만 투명한 몸속에서 고리 모양으로 반짝거려. 해파리는 스쳐 지나가듯이 짝짓기를 해. 수컷과 암컷이 만나면 둘 다 물속으로 정자와 난자를 흘려보내. 그런데 수정된 알에서 바로 아기 해파리가 나오는 게 아냐. 처음엔 쪼그만 애벌레가 생겨나고, 이것들이 바다를 천천히 굴러다니다가 곧 바위가 많은 해저에 달라붙어. 그런 다음 거기서 폴립, 그러니까 작은 나무 같은 조직체로 변해. 그러다 몇 주 만에 폴립은 다시 변신을 거듭해서 작은 접시를 여러 겹 포개 놓은 것 같은 형태로 바뀌어. 그 상태에서 또 얼마가 지나면 접시 형태의 부분들이 폴립에서 떨어져 나와 새로운 생명체로 바다를 떠다녀. 우리가 상상하는 아기 해파리의 모습으로 말이야. 이것들이 나중에 성체가 되면 처음부터 다시 똑같은 일이 반복돼. 수컷은 암컷을 만나고, 둘은 정자와 난자를 바다에 내보내고, 수정된 알

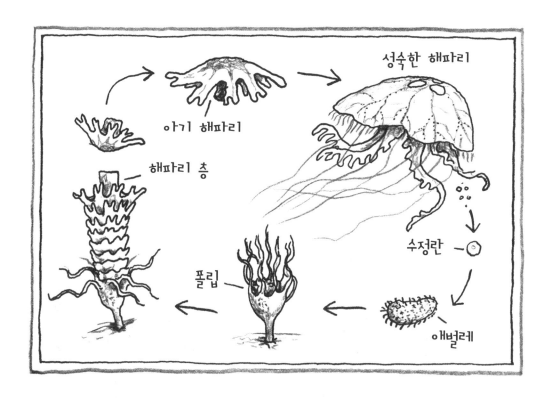

성숙한 해파리

아기 해파리

해파리 층

폴립

수정란

애벌레

에서는 아기 해파리가 아니라 애벌레가 나오고…….

꽂힌 채로, 개

짝짓기를 하다가 생식기가 상대 몸에 꽂혀 빠지지 않을 수도 있을까? 개들이 그래. 수캐는 암캐 등에 올라탄 다음, 단단해진 생식기를 암캐의 질에 밀어 넣어. 그러고는 엉덩이를 앞뒤로 움직이다가 때가 되면 정자를 배출해. 그런데 일이 끝났는데도 쉽게 내려오지를 못해. 수캐의 음경 끝부분과 암캐의 질 벽이 흥분으로 잔뜩 부풀어 오르는 바람에 수컷의 생식기가 걸려서 빠지지를 않는 거야. 결국 암컷과 수컷은 일단 그 상태로 계속 있을 수밖에 없어. 정말 이상하고 우스워 보이는 모습이지만, 그것도 자연이 영리하게 준비해 놓은 거야. 그렇게 해야 수캐의 음경이 일종의 마개 역할을 해서 정자가 암캐의 몸에서 흘러나오는 걸 막을 수 있거든.

수캐는 얼마 뒤 암캐 등에 붙은 채로 조심스럽게 내려와 천천히 몸을 돌려. 그러면 이제는 암캐와 엉덩이를 맞댄 자세로 바뀌지. 둘은 이제 혼자서는 어디도 갈 수 없어. 앞뒤로 꽉 붙어 있기 때문이지. 다행히 수캐의 생식기는 아주 유연해. 그렇지 않았으면 뒤쪽으로 완전히 젖혀진 생식기 때문에 무척 아팠을 거야.

이제 수캐와 암캐는 기다리는 수밖에 없어. 흥분한 두 생식기의 붓기가 서서히 가라앉아 둘이 다시 자유를 얻게 되기까지는 30분이 걸리기도 해.

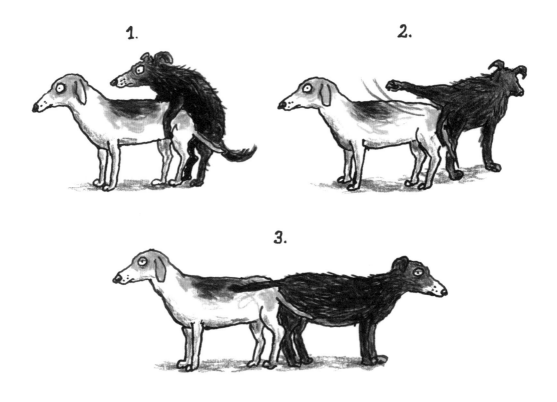

운동 경기를 하듯이

낙하 비행 중에, 칼새

이 작은 새는 모든 걸 공중에서 해결해. 먹고, 마시고, 잠자는 것은 물론이고 심지어 짝짓기까지도. 짝짓기는 특히 놀라운 구경거리야. 우선 수컷이 암컷에게로 날아가 암컷 등에 앉아. 둘은 날개를 활짝 편 채 땅으로 낙하 비행을 하면서 얼른 서로의 생식 구멍, 그러니까 총배설강을 맞대. 수컷은 급강하 비행 중에 번개처럼 빠르게 정자를 배출해. 바닥에 떨어지기 전에 끝내려면 정말 서둘러야 할 거야.

번지점프 중에, 민달팽이

민달팽이는 암수한몸이라서 원래는 혼자서도 생식을 할 수 있어. 그런데도 녀석들은 대개 같은 종의 다른 달팽이와 짝짓기를 해. 그 방법도 좀 특이해. 우선 큰민달팽이들은 나무에 몇 시간씩 거꾸로 대롱대롱 매달려. 점액질 줄에 의지해서 말이야. 그런 다음 서로 뒤엉킨 상태에서 푸른빛이 도는 희끄무레한 음경을 바깥쪽으로 뒤집어서 꺼내. 목 부분에서 나온 음경은 공중에서 50센티미터 넘게 축 늘어져. 그러면 두 달팽이는 생식기 끝 부분을 휘감고 서로 수정을 시켜 줘. 이런 자세에서 무사히 원래 자리로 돌아가려면 얼마나 뛰어난 곡예술이 필요할까!

← 생식기

왼쪽, 오른쪽, 박자에 맞춰 체중을 바꿔 실어 가며······

춤을 추면서, 전갈

전갈은 춤을 추면서 짝짓기를 해. 집게발을 맞잡은 뒤 무도회장에서 춤을 추는 한 쌍의 댄서처럼 함께 앞으로, 뒤로, 옆으로 종종걸음을 쳐.

춤을 추던 수컷은 어느 순간 하나로 뭉쳐진 정자 덩어리를 바닥에 툭 떨어뜨리고는 뒷걸음질로 능숙하게 암컷을 그리로 유도해. 암컷은 생식 구멍이 정자 덩어리에 닿자마자 냉큼 정자를 집어넣어 난자를 수정시켜. 이런 식으로 짝짓기를 하다 보니 수컷 전갈에게는 생식기가 따로 필요 없어.

음경으로 펜싱 하기, 편형동물

'납작한 벌레'라는 뜻의 편형동물은 사실 벌레처럼 보이지 않아. 오히려 물속을 미끄러지듯 유유히 날아다니는 작은 우주선과 비슷하게 생겼지. 신비한 무늬에다 다채로운 색깔로 반짝

거리는 녀석들은 아주 독특한 생식 방법을 발전시켰어. 자신들의 음경으로 펜싱 하듯이 결투를 벌이는 거야. 대부분의 벌레들처럼 편형동물도 암수한몸이야. 그래서 누구나 한두 개의 음경과 수정 가능한 난자를 동시에 갖고 있어.

　녀석들의 구호는 이래. 어떻게든 엄마만 되지 말자! 생각해 봐. 힘들게 알을 낳고, 또 그 뒤에도 알을 낳을 장소를 찾아다니는 것보다야 잠시 몇 초 간 자신의 정자를 내주는 것이 훨씬 편하지 않겠어? 그래서 녀석들은 서로 정자를 받지 않고 건네주기 위해 한 시간씩이나 치열하게 음경으로 펜싱을 하는 것처럼 보여. 편형동물 두 마리는 몸을 확 일으키기도 하고, 주변을 춤추듯 돌기도 하고, 또 상대의 음경을 노련하게 피하기도 하면서 허점을 노려. 그러다 마침내 한쪽의 단단하고 뾰족한 음경이 상대의 몸을 찌르는 순간 찌른 쪽은 이 한마디만 남기고 총알같이 도망쳐. "우리 새끼들 잘 부탁해!"

지구력 테스트, 가시두더지

암컷 가시두더지는 짝짓기 할 상대를 선택하기 전에 구애하는 모든 수컷들의 지구력부터 먼

왼쪽으로, 하나, 둘, 하나, 둘…

저 점검해. 자신이 선두에 서고 일렬로 수컷들을 따라오게 하는 거지. 어떤 때는 수컷의 수가 열 마리나 될 때도 있어. 이런 대형으로 수컷들은 몇 주 동안 언덕과 계곡을 넘고 나무와 수풀 사이를 지나가야 해. 인내심을 요구하는 무척 힘든 일이지. 그러다 언젠가는 암컷도 결정을 내려야 하기에 수컷들에게 검투사 경기장처럼 넓은 구덩이를 파게 한 뒤 걔네들끼리 싸움을 붙여. 누가 제일 힘이 센지 보고 싶은 거야. 결투가 끝나면 암컷은 바닥에 엎드리고, 선택된 수컷은 마침내 암컷의 엉덩이를 들어 올려 짝짓기를 해.

거꾸로 매달려서, 박쥐

다들 알다시피, 박쥐는 먹이 사냥이 끝나면 동굴 천장에 거꾸로 매달려서 쉬는 것으로 유명해. 많은 박쥐 종의 경우 암컷은 무리를 지어 겨울잠을 자. 그런데 이렇게 자고 있을 때도 수컷이 짝짓기를 하러 찾아와. 수컷이 원하는 암컷의 목덜미를 살짝 깨물면 암컷은 얼핏 잠에서 깨고, 그렇게 비몽사몽간에 수컷의 작고 빳빳한 생식기를 몸 안으로 받아들여. 그런 다음에는 수컷의 정자를 일단 배 속에 저장만 해 놓고 계속 잠을 자. 쏟아지는 잠은 박쥐도 어쩔 수 없나 봐. 그러다 봄이 와서 겨울잠에서 깨어나면 암컷 배 속의 정자도 함께 깨어나 활동을 시작하고, 난자와 결합해서 새끼가 생겨.

술책과 속임수

입으로, 시클리드

시클리드는 조기 어종에 속하는 물고기야. 몇몇 종의 경우 암컷은 산란한 뒤 적의 위험으로부터 보호하려고 재빨리 알을 입에 넣어. 수정도 거기서 이루어져. 시클리드 수컷이 교묘한 술책을 쓰거든. 수컷의 아랫배 뒤쪽 지느러미에는 아름다운 노란 점이 몇 개 있어. 생긴 게 꼭 시클리드 알과 착각할 만큼 비슷해. 그걸 본 자상한 암컷은 자신이 알을 몇 개 잊어버렸다고 생각하고 다시 입을 벌려. 순간 수컷이 잽싸게 정액을 찍 하고 뿜어. 그렇게 암컷의 입 안에 들어간 정자는 알을 수정시켜. 이제 미래의 아기 물고기들은 암컷 입 안에서 안전하게 부화할 거야.

동성애 트릭, 갈색거저리

갈색거저리 수컷도 경쟁자들을 물리쳐야 해. 그런데 물리치는 방식이 아주 독특해. 한마디로 동성애 트릭이라고 할 수 있어. 갈색거저리 수컷은 암컷하고만 교미하는 게 아니라 길에서 우연히 만난 다른 수컷들하고도 교미해. 그러니까 다른 수컷의 몸에다 억지로 자신의 정자를 집어넣는 거지. 그러면 이 수컷이 다른 암컷과 짝짓기 할 경우, 이 수컷의 정자보다 그전에 교미한 수컷의 정자가 먼저 암컷의 몸으로 들어가.

위장술의 대가, 대왕갑오징어

갑오징어는 주변 환경에 따라 몸 색깔과 무늬를 바꿀 수 있어. 그래서 자세히 살펴보아야만 형체를 알아볼 수 있을 때가 많아. 예를 들어 해저에서는 모래와 비슷한 색으로 바꾸고, 막 몸을 숨긴 해초 속에서는 그것과 비슷한 색으로 변신해.

대왕갑오징어 암컷은 작고 수수해. 반면에 몇몇 수컷의 몸집은 암컷의 네 배나 돼. 짝짓기 철이 되면 수컷은 끊임없이 움직이는 몸통의 줄무늬로 암컷의 마음을 사로잡아. 일종의 LED 광고판이지. 원칙적으로는 가장 크고 힘세고 아름다운 수컷이 몇 안 되는 암컷 중 한 마리를 차지해.

반면에 다른 많은 수컷들은 이런 과시 행동에 나설 수가 없어. 몸집이 작고, 아름다운 무늬도 없기 때문이지. 그렇다고 이대로 포기할 수는 없겠지? 그래서 교묘한 속임수를 써. 몸을 잔뜩 웅크리고 긴 다리를 몸통으로 바짝 끌어당겨 암컷으로 "위장"하는 거야. 심지어 몸 색깔과 몸매도 암컷과 구별이 안 갈 정도로 비슷해져. 이렇게 위장한 수컷은 한창 연애에 열을 올리는 한 쌍에게 슬금슬금 다가가. 다른 수컷은 이게 자신의 경쟁자라고는 꿈에도 생각 못해. 어쨌든 모든 일이 순조롭게 풀리면 위장한 수컷은 은근슬쩍 암컷에게 달려들고, 다른 수컷이 잠시 방심한 틈을 노려 번개처럼 짝짓기를 해 버려. 다른 수컷은 이 속임수를 전혀 눈치 채지 못하고 여전히 암컷을 계속 따라다니기만 해. 위장술의 대성공이지. 아무튼 대왕갑오징어의 짝짓기 철에는 바다 속을 유심히 살펴보아야 해. 오스트레일리아 남쪽 바다에 우글거리는 대왕갑오징어 암컷들 가운데 진짜 암컷은 그리 많지 않거든.

덫을 놓아서, 좀

　별로 사랑받지 못하는 이 벌레는 사람들 주변에 살아. 생김새를 자세히 살펴보면 마치 오랜 옛날, 물고기와 집게벌레가 교배해서 태어난 것 같아. 녀석들은 금속처럼 반짝거리며 욕실 바닥을 쏜살같이 지나가는데, 순간적으로 내가 잘못 봤나 하는 생각이 들 정도로 재빨리 틈새나 벽지 뒤로 사라져. 수컷은 정자를 암컷에게 전달하는 아주 특별한 기술을 갖고 있어. 잘 보이지 않는 가느다란 실들을 바닥 위에 깔아 놓고 언젠가 지나갈 암컷이 거기에 걸려 넘어지게 하는 거야. 당연히 수컷은 바로 그 자리에 정자 뭉치를 놓아 둬. 이제 암컷은 자기가 뭘 해야 되는지 깨달아. 아랫몸을 내리는 것과 동시에 생식 구멍을 열어 정자 뭉치를 집어넣어. 그렇게 알의 수정이 이루어져.

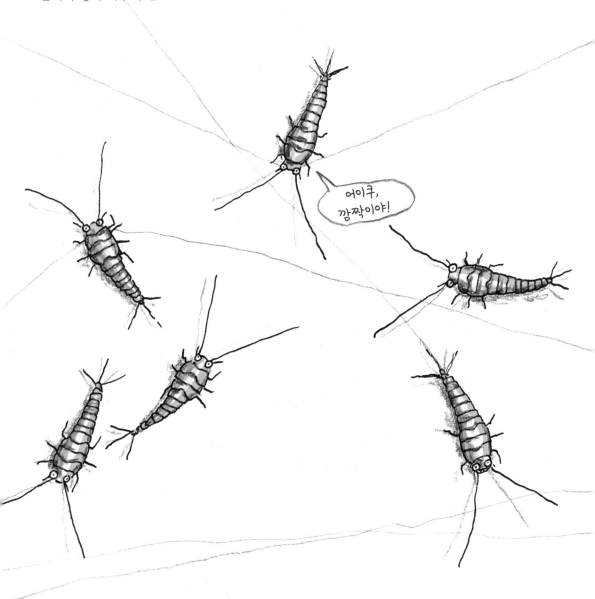

동물들은 이렇게 짝짓기 해

짝짓기 횟수

- 보노보: 쉬지 않고
- 빈대: 하루에 이백 번
- 사자: 하루에 최고 마흔 번
- 비둘기: 하루에 일곱 번
- 판다: 일 년에 한 번
- 뱀장어: 평생 한 번

짝짓기에 걸리는 시간

- 보노보: 5초
- 코뿔소: 1시간
- 갈색거저리: 4시간
- 방울뱀: 22시간
- 프레리들쥐: 40시간
- 대벌레: 10주

기린

코끼리거북

← 놀랄 만큼 크게 신음 소리를 내.

돌고래

서로 배를 맞대.

64

단봉낙타

수컷이 쪼그려 앉아.

두꺼비

손가락 안쪽의 굳은살이
확실한 버팀목 역할을 해 줘.

고슴도치

앗 따가워!

코끼리

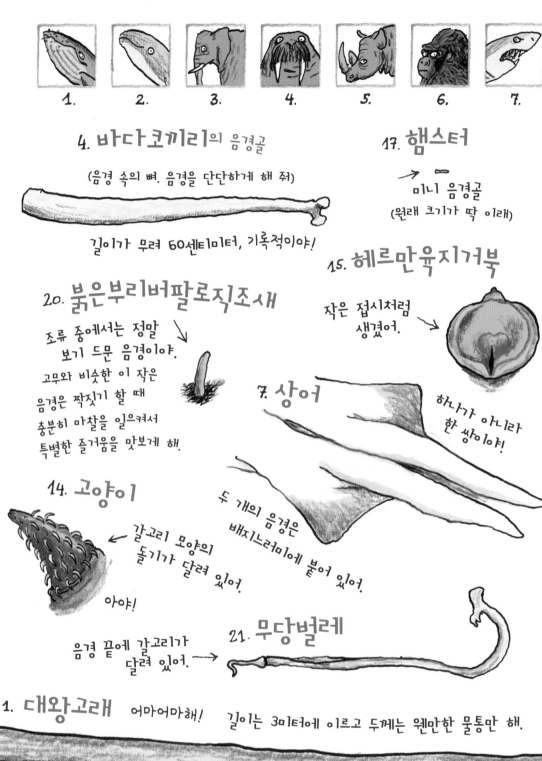

1. 2. 3. 4. 5. 6. 7.

4. 바다코끼리의 음경골

(음경 속의 뼈. 음경을 단단하게 해 줘)

길이가 무려 60센티미터, 기록적이야!

17. 햄스터

미니 음경골
(원래 크기가 딱 이래)

20. 붉은부리버팔로직조새

조류 중에서는 정말
보기 드문 음경이야.
고무와 비슷한 이 작은
음경은 짝짓기 할 때
충분히 마찰을 일으켜서
특별한 즐거움을 맛보게 해.

15. 헤르만육지거북

작은 접시처럼
생겼어.

7. 상어

하나가 아니라
한 쌍이야!

두 개의 음경은
배지느러미에 붙어 있어.

14. 고양이

갈고리 모양의
돌기가 달려 있어.

아야!

음경 끝에 갈고리가
달려 있어. →

21. 무당벌레

1. 대왕고래 어마어마해! 길이는 3미터에 이르고 두께는 웬만한 물통만 해.

기발한 생식기: 음경

동물의 세계에는 정말 믿을 수 없을 만큼 다양한 음경이 있어. 수컷은 이 음경을 이용해 정자를 암컷의 난자에게 전달해. 자신의 유전자를 보존하는 데 없어서는 안 될 중요한 기관이지. 그런데 음경은 단순히 생식 목적으로만 사용되는 건 아닌 것 같아. 필요 이상으로 크고 화려한 걸 보면 말이야. 아마 암컷에게 감동을 주고, 짝짓기의 즐거움을 주려는 목적도 있을 거야. 특별한 모양의 음경은 암컷에게 최고의 느낌(오르가슴)을 불러일으킬 수 있어.

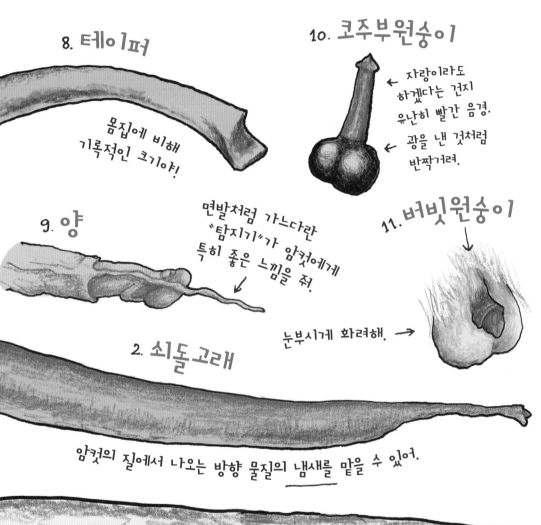

8. 테이퍼

몸집에 비해 기록적인 크기야!

10. 코주부원숭이

← 자랑이라도 하겠다는 건지 유난히 빨간 음경.

← 광을 낸 것처럼 반짝거려.

면발처럼 가느다란 "탐지기"가 암컷에게 특히 좋은 느낌을 줘.

9. 양

11. 버빗원숭이

눈부시게 화려해. →

2. 쇠돌고래

암컷의 질에서 나오는 방향 물질의 냄새를 맡을 수 있어.

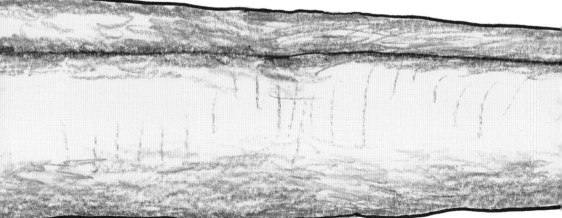

펭귄

엎드린 자세

서로 마주 보고 할 때가 많아.

고릴라

지렁이

서로의 몸을 밀착한 채 정액을 방출해.

사슴

오 예!

혼자서도 가능해!

남의 도움 없이 혼자서
성적 쾌감을 얻는 동물도 많아.
손, 앞발, 지느러미, 긴 코를
사용하기도 하고, 생식기를
다른 물건에 비비기도 해.

방해하지 말았으면
좋겠어!

아시아흑곰 →

자위하는 중이야.

기발한 생식기: 음문, 질, 음핵 등

포유류의 암컷에겐 음문이 있어. 음문은 가운데 틈새를 두고 양쪽으로 갈라진 음순과 그 틈새 위에 있는 음핵(클리토리스)으로 이루어져. 음핵은 무척 예민해서 짝짓기 할 때 특히 좋은 느낌을 줘. 양쪽 음순 사이의 틈새로 부드러운 통로가 나 있어. 거기가 질인데, 이 통로를 계속 따라가면 자궁이 나와. 임신 기간 동안 새끼들이 여기서 자라지. 새나 곤충 같은 동물에게는 음문이 없고, 대신 생식 구멍이 있어.

3. 소

발정기가 되면 음순이 눈에 띄게
부풀어 올라. 수소의 음경이
잘 들어갈 수 있도록 점액질이 분비돼.

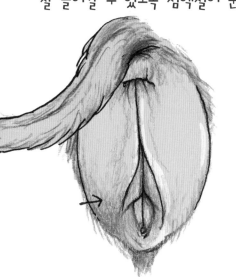

2. 말

음순이 열리고
닫히면서
음핵이 찌릿찌릿
자극을 받아.

어두운 색의 음순

밝은 색의 질 입구

음핵

수컷의 음경보다도 긴 음핵이
질의 방향 물질을 외부로 내뿜어.

7. 거미원숭이

질 입구

1. 대왕고래

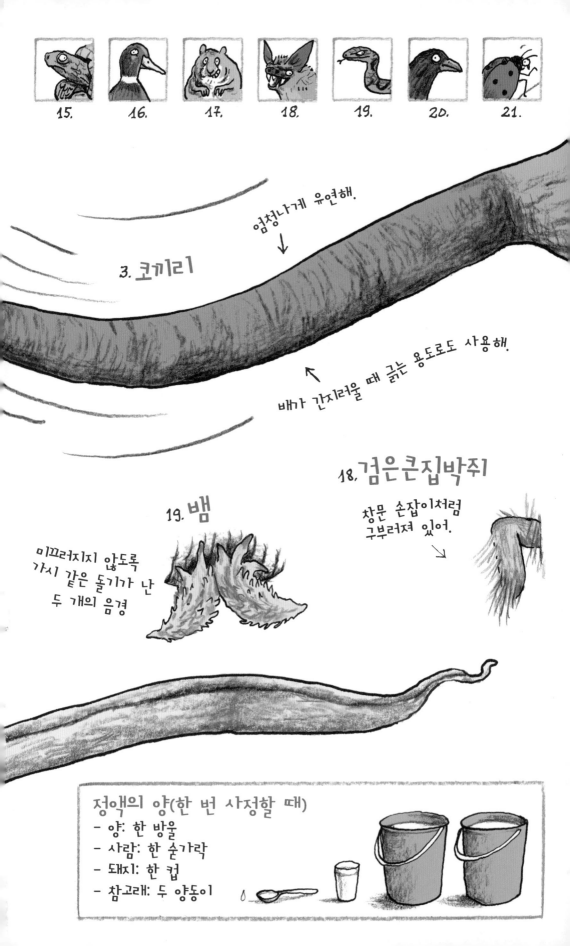

15. 16. 17. 18. 19. 20. 21.

엄청나게 유연해.
↓

3. 코끼리

↑
배가 간지러울 때 긁는 용도로도 사용해.

18. 검은큰집박쥐

창문 손잡이처럼
구부러져 있어.
↓

19. 뱀

미끄러지지 않도록
가시 같은 돌기가 난
두 개의 음경

정액의 양(한 번 사정할 때)
- 양: 한 방울
- 사람: 한 숟가락
- 돼지: 한 컵
- 참고래: 두 양동이

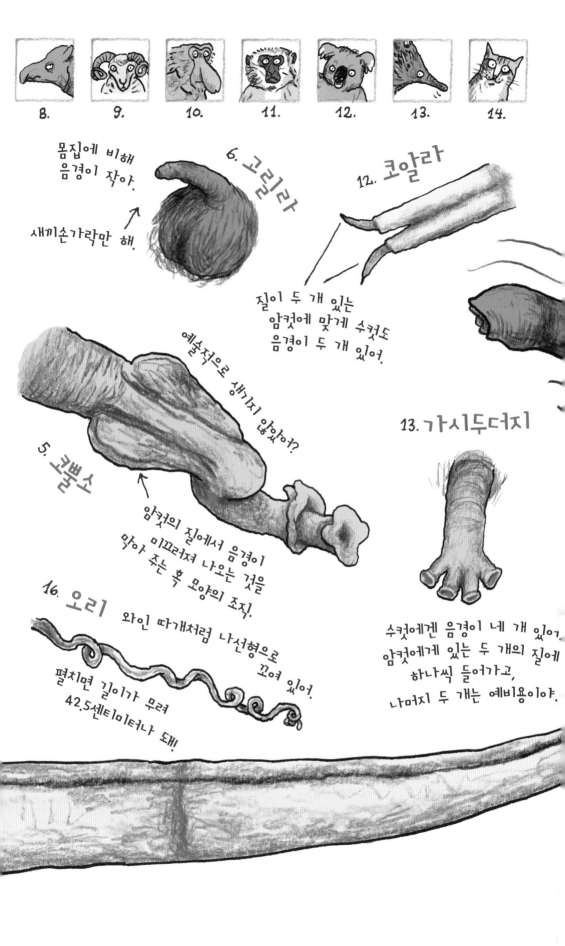

8.

9.

10.

11.

12.

13.

14.

6. 고릴라

몸집에 비해
음경이 작아.

↑
새끼손가락만 해.

12. 코알라

질이 두 개 있는
암컷에 맞게 수컷도
음경이 두 개 있어.

예술적으로 생기지 않았어?

5. 코뿔소

↑
암컷의 질에서 음경이
미끄러져 나오는 것을
막아 주는 혹 모양의 조직.

13. 가시두더지

수컷에겐 음경이 네 개 있어.
암컷에게 있는 두 개의 질에
하나씩 들어가고,
나머지 두 개는 예비용이야.

16. 오리 와인 따개처럼 나선형으로
꼬여 있어.

펼치면 길이가 무려
42.5센티미터나 돼!

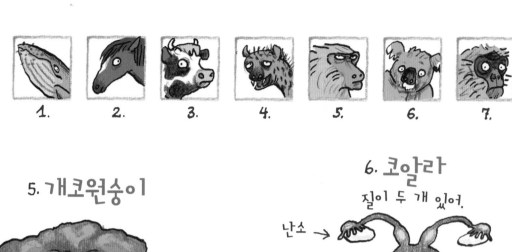

1. 2. 3. 4. 5. 6. 7.

5. 개코원숭이

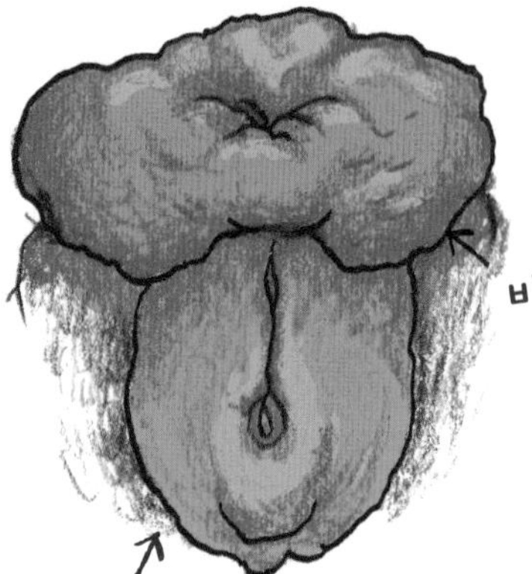

6. 코알라

질이 두 개 있어.

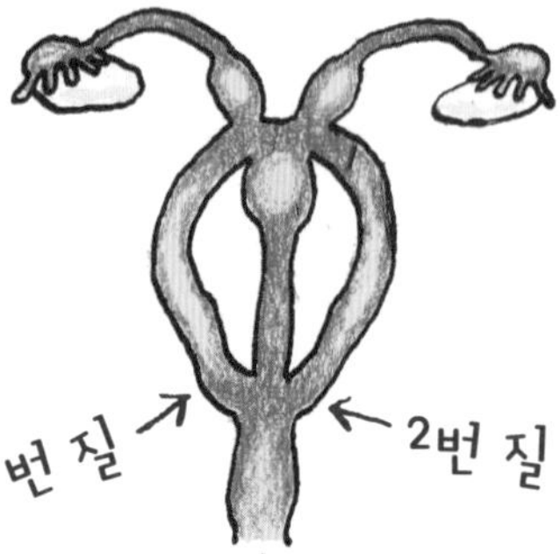

난소 →

← 바깥쪽으로 뒤집어진 엉덩이.

1번 질 → ← 2번 질

질 입구

↑ 부풀어 오른 음순이 수컷들에게 보내는 신호는 이래.
"난 짝짓기 할 준비가 돼 있어!"

4. 하이에나

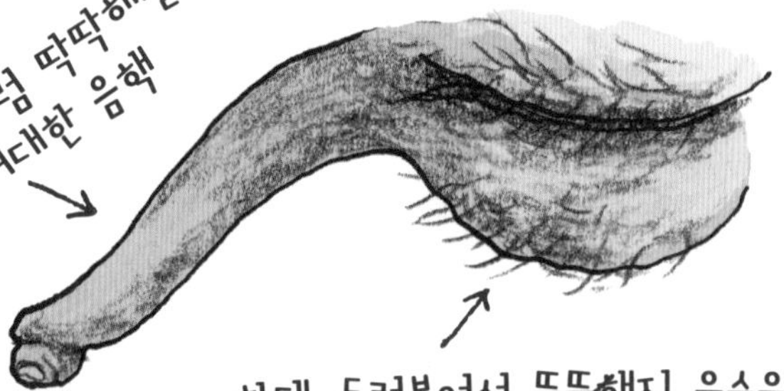

9. 큰코코끼리땃쥐

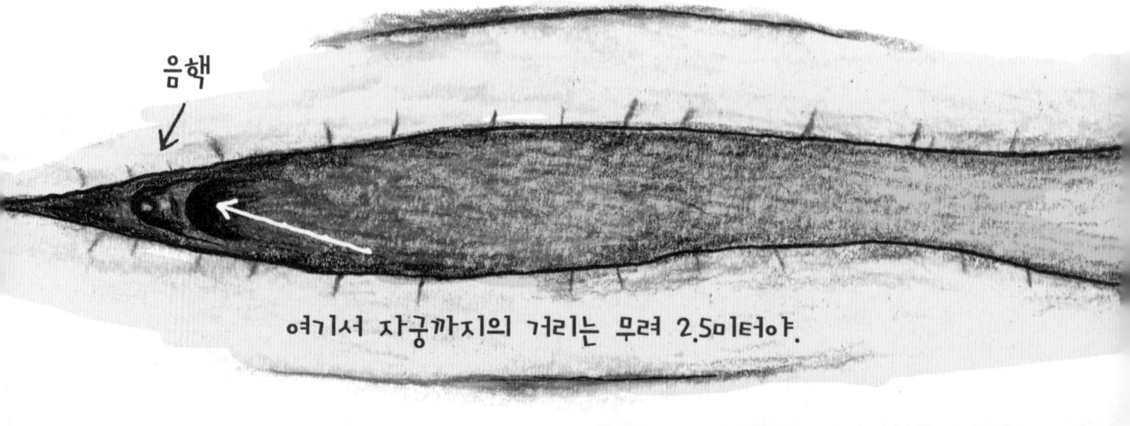

음경처럼 딱딱해질 수 있는
거대한 음핵
→

한데 들러붙어서 뚱뚱해진 음순은
수컷의 고환처럼 보여.

사람처럼 생리를 해.

음핵
→

여기서 자궁까지의 거리는 무려 2.5미터야.

8.

9.

10.

11.

11. 딱정벌레

난소까지 미로처럼
이어진 통로와 관 →

입구

8. 오리

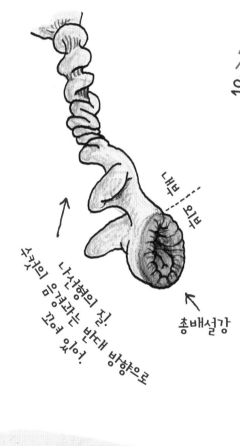

내부
외부

나선형의 집!
수컷의 음경과는 반대 방향으로
꼬여 있어.

총배설강

10. 거미

몸의 아랫도리를
가로로 자른 모습

난소

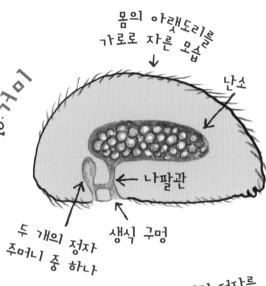

나팔관

두 개의 정자
주머니 중 하나

생식 구멍

암거미는 수컷 여러 마리의 정자를
이 주머니에 보관하고 있다가
어떤 정자로 수정할지 결정해.

고통스런 짝짓기

----------------- 주의! ------------------
겁이 많은 친구들은 조심하는 게 좋아!
여기선 잔인하고 고통스럽고,
심지어 죽음을 부르는 일들이 일어나니까!!!

위험천만한 긴호랑거미

검정 노랑 줄무늬가 있는 긴호랑거미는 자신이 쳐 놓은 거미줄에 꼼짝 않고 앉아서 짝을 기다려. 암컷은 수컷보다 몇 배나 더 커. 그래서 수컷은 짝짓기를 하러 손쉽게 암컷의 아랫배 밑으로 들어갈 수 있어. 거기에 이르면 배를 맞대고 조심스럽게 정자를 전달하려고 해. 하지만 이 행위는 다음 둘 중 하나로 급하게 끝나고 말아. 짝짓기가 끝나자마자 암컷이 장차 태어날 새끼들의 아버지를 바로 잡아먹든지, 아니면 수컷이 암컷의 몸에 생식기를 꽂아둔 채 줄행랑을 치는 거지. 그리 되면 수컷은 이제부터는 음경이 없어서 더 이상 짝짓기는 할 수 없어. 하지만 어쨌든 짧은 생이나마 목숨을 구했고, 다음 세대에게 유전자를 물려주는 데도 성공했기 때문에 그렇게 아쉽지는 않을 거야.

깨물어 뜯는 상어

상어들은 결코 부드럽게 짝짓기를 하지 않아. 아니, 완전히 그 반대야. 암컷은 새끼를 얻는 대가로 힘들고 아파도 꾹 참아야 해. 수컷이 거칠게 달려들어 때리고, 날카로운 이빨로 머리나 지느러미를 깨물거든. 암컷이 피를 철철 흘리는 일도 있어. 어쨌든 수컷은 마지막에 두 개의 음경을 암컷 몸속으로 밀어 넣어. 그러고는 방광에 모아 둔 많은 양의 바닷물과 함께 정자를 암컷의 생식 구멍 안으로 뿜어내.

살려 줘!

그나마 사춘기 무렵에 암컷의 피부층이 두꺼워지는 게 얼마나 다행인지 몰라. 그 덕분에 수컷의 공격이 조금은 덜 아프게 느껴질 테니까.

짧고 고통스럽게, 고양이

새끼 고양이들이 귀엽게 노는 모습을 보면 그 탄생 과정이 그렇게 난폭하리라고는 차마 상상하기 어려워. 수고양이 음경의 앞쪽 귀두 부분에는 자잘한 가시나 갈고리같이 생긴 돌기가 나 있는데, 이것 때문에 짝짓기 할 때 암고양이는 무척 아파해. 그래서 짝짓기 과정도 몇 초 안에 빨리 끝나. 그런데 이런 고통이 의미가 없는 건 아냐. 이 고통으로 암고양이의 배란이 촉진되어 자손이 번식할 수 있으니까. 짝짓기가 끝나면 암고양이는 수고양이에게 무척 화가 나 있어. 그래서 행위가 끝나자마자 강력한 앞발질로 수고양이를 쫓아 버려.

폭력배 오리

오리 수컷은 암컷에게 굉장히 잘할 때가 많아. 짝짓기가 끝난 뒤에도 암컷을 자상하게 돌보고, 함께 둥지를 만들고, 함께 새끼를 부화해. 하지만 짝짓기 때만큼은 잔인한 폭력배로 돌변해. 여러 명이 동시에 암컷 한 마리에게 달려들어 강제로 짝짓기를 시도하거든. 암컷은 이런 수컷들에게 모질게 학대당하고, 쫓기고, 물속으로 처박혀. 그러다 암컷이 지치면 수컷들이 차례로 날개를 퍼덕이며 암컷 등에 올라타 짝짓기를 해. 그 과정에서 암컷은 심지어 물에 빠져 죽기도 해.

암컷이야 아프든 말든, 빈대

빈대 수컷의 음경은 무기나 다름없어. 그래서 수컷에겐 사전에 무기 소지 허가증이 필요하고, 암컷에겐 그런 수컷의 공격을 막아 낼 근접전 훈련이 필요해 보여. 짝짓기를 할 때 수컷은 비수처럼 날카로운 생식기를 암컷의 생식 구멍이 아닌 배에다 바로 찔러 넣거든. 이렇게 해야 정자가 혈관을 타고 난소에 더 빨리 도착해. 암컷은 무척 힘들어 보여. 배 쪽에 찔린 상처도 많고. 주변에 수컷이 많을 경우는 그런 잔인한 짝짓기로 죽음에 이르기도 해.

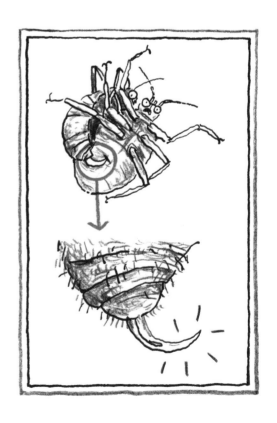

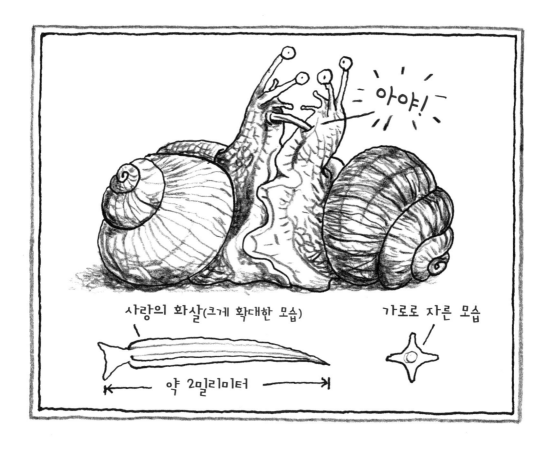

사랑의 화살(크게 확대한 모습)

약 2밀리미터

가로로 자른 모습

사랑의 화살을 쏘아 대는 부르고뉴달팽이

부르고뉴달팽이는 몸 안에 음경과 질을 둘 다 갖고 있어서 정자는 물론 난자도 만들어 낼 수 있어. 암수한몸이라는 뜻이지. 다른 녀석과 짝짓기를 할 때는 처음엔 그렇게 사랑스러울 수가 없어. 그런데 이 사랑놀이도 어느 순간 치열한 싸움으로 바뀌어. 둘 중 누가 암컷 역할을 맡을지 정해야 하거든. 처음엔 모든 게 달팽이답게 진행돼. 둘이 아주 천-천-히 몸을 일으켜 발바닥을 맞대고는 촉수로 부드럽게 서로를 어루만지기 시작해. 살랑살랑 물결치는 것 같은 이런 애무는 스무 시간이나 계속되기도 해. 그러다 문득 매우 특별한 기관 하나가 툭 튀어나와. '사랑의 화살'이야. 두 달팽이 중 하나가 가느다란 석회질 화살로 별안간 상대의 발바닥을 찌르는 거지. 음경에 해당하는 달팽이만의 짝짓기 무기인데, 마치 네 개의 날이 달린 짧은 칼 같아. 이런 식으로 음경이 다른 달팽이의 몸에 꽂히면 정자가 더 빨리 난자에 이를 수 있어. 가끔은 두 달팽이가 함께 서로를 찌르기도 해. 그러면 동시에 수정이 이루어지면서 서로 엄마이자 아빠가 돼.

치명적인 항라사마귀

항라사마귀는 구부러진 앞다리로 하늘을 향해 계속 기도하는 것 같지만 짝짓기 할 때는 그런 경건한 모습을 찾아볼 수 없어. 이 사마귀 종의 수컷은 최대한 천천히 뒤쪽에서 살금살금 암컷에게 다가가는 게 좋아. 조금만 경솔하게 행동했다가는 바로 암컷에게 치명적인 공격을 당할 수 있거든. 몇 센티미터 근처까지 접근했다 싶으면 수컷은 과감하게 암컷의 등으로 펄쩍 뛰어올라. 그리고는 몇 시간씩 짝짓기를 해. 수컷이 무사히 정자를 암컷한테 전달하는 데 성공하는 경우도 있지만, 짝짓기 도중에 암컷이 고개를 돌려 수컷을 머리부터 잡아먹는 일이 벌어지기도 해. 신기한 건 수컷은 머리가 없는 상태에서도 짝짓기 행위를 끝까지 이어갈 수 있다는 거야. 어쨌든 대부분은 자기 자식의 어미에게 통째로 잡아먹히는 것으로 삶을 마감해. 자기 자식을 평생 구경도 못하고 죽는 수컷의 신세가 퍽 처량해 보여.

나만의 작전

숟가락 전술, 잠자리

잠자리 수컷은 짝짓기 전에 자신이 앞으로 태어날 새끼들의 아빠라는 사실을 확실하게 해 두고 싶은 가 봐. 그래서 사용하는 것이 숟가락 전술이야. 수컷은 짝짓기 할 때 무작정 자신의 정자를 암컷의 몸속에 집어넣는 데만 신경 쓰는 것이 아니라 둘의 관계부터 명확하게 정리하려고 해. 그러니까 다른 수컷이 자기보다 먼저 암컷과 짝짓기 했을 경우에 대비하는 거야. 그럴 목적으로 녀석의 음경 앞부분에는 숟가락 같은 것이 달려 있는데, 그걸로 본격적인 짝짓기에 들어가기 전에 암컷의 몸에 남아 있는 다른 수컷의 정자를 싹싹 긁어내. 다른 수컷의 정자는 조금이라도 남아 있어선 안 되니까. 이렇게 정리하고 나서야 녀석은 비로소 암컷과 짝짓기를 시작해.

악취 묻히기 전술, 배추흰나비

이 하얀 나비 종은 우리의 텃밭에서 자주 볼 수 있어. 이름에서 알 수 있듯이 배추 같은 채소를 아주 좋아하거든. 배추흰나비 수컷도 자기가 앞으로 태어날 새끼들의 유일한 아빠라는 사실을 확실하게 해 두고 싶은가 봐. 지금은 물론이고 앞으로도 말이야! 그래서 사용하는 게 바로 악취 전술이야. 짝짓기 도중

79

에 암컷의 몸에 아주 특별한 냄새를 묻히는 거지. 그때부터 다른 수컷들은 이 암컷에게 접근할 생각을 하지 않아. 몸에서 아주 고약한 냄새가 나거든.

마개 전술, 두더지

관계를 분명하게 해 두고 싶은 건 두더지 수컷들도 마찬가지야. 그래서 짝짓기가 끝나면 바로 암컷의 질 입구를 끈적거리는 액체로 막아 버려. 이 분비물은 나중에 덩어리처럼 단단해져서 병의 코르크 마개 같은 역할을 해. 이때부터 다른 수컷들이 이 암컷의 몸속에 정자를 집어넣을 기회는 모두 사라져. 대신 처음의 수컷은 자신이 곧 태어날 새끼 두더지들의 진짜 아빠라고 확신하겠지. 게다가 수컷이 암컷의 질 입구에 만들어 놓은 마개는 세균이 질로 들어가는 것을 막아 주기도 해.

준비성이 철저한 암탉

닭장 속의 수탉은 대개 여러 마리의 암탉과 무리 지어 생활하기 때문에 할 일이 많아. 암탉들을 결속하고 보호해야 하거든. 여기서 태어나는 모든 병아리의 아빠도 대개 이 수탉이야. 암탉은 유정란을 낳으려면 정자를 충분히 받아 놓아야 해. 암탉 수가 훨씬 많기 때문이지. 그래서 몸속에 정자 보관소가 따로 있어. 나팔관의 한 안전한 귀퉁이가 그곳이야. 여기에 2주 정도까지 정자를 보관할 수 있는데, 그사이 정자는 규칙적으로 성숙해지는 난자로 보내져. 그러면 난자는 하루 만에 단단한 껍질로 둘러싸인 달걀로 변하고, 암탉은 둥지에 알을 낳아. 암탉은 이미 보관하고 있는 정자의 주인이 미숙하고 어린 수탉이라 생각되면 그 수탉의 정액을 그냥 밖으로 내보내고, 더 힘세고 튼튼한 수탉의 정자를 기다릴 수 있어.

묶기 놀이, 게거미

게거미 암컷은 짝짓기 할 때가 되면 자기보다 훨씬 작은 수컷이 올 때까지 꼼짝 않고 즐거운 마음으로 기다려. 그러다 수컷이 나타나면 거미줄에 대롱대롱 매달리거나 나뭇잎에 앉아 수컷이 자기를 상대로 가볍게 놀이를 하도록 내버려 둬. 수컷은 재빨리 암컷 위로 올라가 거미줄로 암컷을 나뭇잎에 꽁꽁 묶어. 그런 다음 암컷의 아래쪽으로 기어가서는 느긋하게 묶인 암컷의 몸속으로 정자를 집어넣어. 이 모든 게 놀이라는 건 짝짓기가 끝나자마자 암컷이 여유 있게 묶인 줄을 풀고 나오는 걸 보면 알 수 있어.

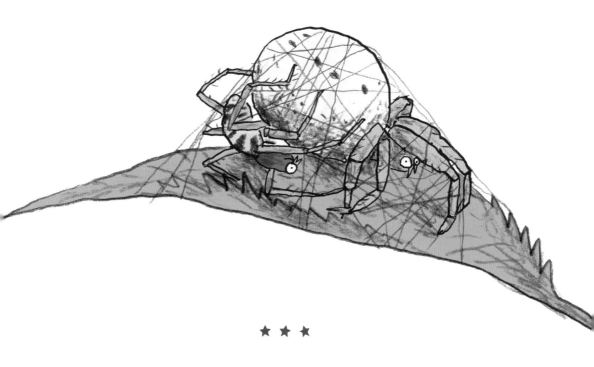

★ ★ ★

매수, 대가, 선물

돌과 맞바꾸는 짝짓기, 아델리펭귄

남극에 사는 자그마한 아델리펭귄은 부리로 얼음을 깨서 파내거나 해변에서 물어 온 작은 돌들로 둥지를 만들어. 돌을 구하는 건 여간 어려운 일이 아냐. 원래 주변에 돌이 너무 적은 데다가, 수천 마리 펭귄의 부화기가 같은 시기에 시작되면서 다들 하나같이 돌로 지은 튼튼한 둥지를 원하기 때문이지. 그래서 암컷들은 왕왕 낯선 수컷에게 돌을 받는 대가로 짝짓기를 해 주기도 해. 그만큼 쉽게 돌을 모으는 방법은 없거든.

암컷은 자기 둥지에서 적당히 떨어진 곳에 혼자 사는 수컷 둥지를 찾아가 다소곳하게 짝짓기 자세를 취해. 그러면 수컷은 기다렸다는 듯이 짝짓기를 시작해. 그게 끝나면 암컷은 돌을 하나 물고 기분 좋게 본래의 짝이 있는 둥지로 뒤뚱뒤뚱 돌아가. 이런 식으로 한 번에 돌을 62개까지 버는 수완 좋은 암컷도 있어.

사랑은 배 속에서 싹트고, 물총새

적절한 선물은 상대에게 호감을 주는 좋은 수단이야. 물총새 수컷도 자신이 선택한 암컷에게 열심히 물고기를 선물해서 환심을 사려고 해. 그걸로 암컷을 배불리 먹이는 것과 동시에 나중에 둘이 함께 낳을 새끼들도 얼마든지 먹여 살릴 수 있다는 능력을 증명하는 셈이지. 암컷은 배가 부르고 확신이 생기면 기꺼이 짝짓기를 허락해.

매수, 밑들이

이 녀석들은 수컷의 꼬리 부분, 즉 생식기가 밑에서부터 들려 있다고 해서 '밑들이'라고 해. 수컷은 암컷의 기분을 맞추려면 줄곧 선물을 해야 돼. 그래서 짝짓기 철이 되면 죽은 곤충이나 자기 침을 동그랗게 뭉친 작은 알갱이를 계속 암컷에게 갖다 바쳐. 암컷이 그것을 먹는 동안 수컷은 뒤에서 짝짓기를 할 수 있어. 원칙은 간단해. 선물을 많이 갖다 바칠수록 짝짓기의 즐거움도 더 오래 누릴 수 있는 거야. 그래서 짝짓기 도중에 침 알갱이가 바닥나면 수컷은 재빨리 다시 만들어 내. 암컷은 먹을 것이 충분할 때만 수컷에게 짝짓기를 허락하거든.

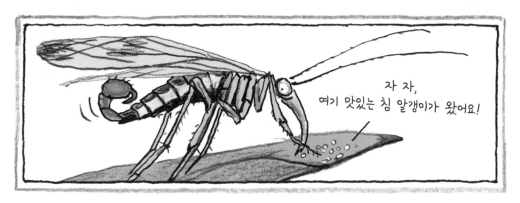

털을 골라 주는 보상으로 얻는 짝짓기, 필리핀원숭이

이 원숭이 암컷도 짝짓기의 대가를 받길 원해. 그래서 수컷이 털을 빗으면서 이와 벼룩을 잡아 주면 관계를 허락해. 수컷이 얼마나 오랫동안 털을 골라 줄지는 주변에 다른 암컷이 얼마나 있는지에 달려 있어. 암컷 수가 적을수록 수컷은 짝짓기를 위해 암컷의 털을 좀 더 오래 골라 주어야 해. 반대로 암컷이 많으면 그 대가는 줄어들지. 그래서 수컷은 조금만 이를 잡아 주고도 짝짓기를 할 수 있어.

동성끼리

동물들이 짝짓기 하는 이유는 여러 가지로 설명할 수 있어.

- ★ 가장 큰 이유는 짝짓기로 자손을 번식하는 거야.
- ★ 어떤 때는 평화로운 공동생활에 도움이 돼.
- ★ 어떤 때는 오직 성적인 즐거움만을 위해 짝짓기를 해.
- ★ 어떤 때는 짝짓기로 무리 안에서 서열을 정해.
- ★ 그 밖에 뭐라 정확히 설명이 되지 않는 경우도 있어.

동성끼리 애정을 표시하고 짝짓기 하는 동물도 무척 많아. 몇 가지 예를 들어 볼게.

수컷끼리, 돌고래

수컷끼리 짝을 이루며 살아가는 돌고래는 자연에서 자주 발견돼. 수컷 두 마리가 바짝 붙어서 헤엄치면서 서로를 애무하고, 부리나 음경으로 상대방을 흥분시켜. 둘 중 하나가 병들거나 다치면 정성껏 보살피기도 하고. 자손을 번식할 때가 되면 자기들과 짝짓기 할 수 있는 암컷을 함께 찾아 나서. 하지만 짝짓기가 끝나고 나면 암컷에게는 더 이상 관심을 보이지 않고, 다시 수컷끼리의 애정 관계로 돌아가.

교미하는 채찍꼬리도마뱀
암컷 두 마리

수컷이 필요 없는 채찍꼬리도마뱀

채찍꼬리도마뱀은 암컷밖에 없어. 이 종은 처음부터 수컷이 마련되어 있지 않았던 것 같아. 때문에 암컷은 수컷의 정자 없이도 수정에 성공해서 새끼를 낳을 수 있어. 그것을 '처녀 생식'이라고 불러.

짝짓기 하는 모습은 다른 파충류와 비슷해 보이지만, 모든 게 똑같이 진행되지는 않아. 몸을 위아래로 포갠 채 서로의 생식기

딸이지, 딸?

를 맞대는 것은 암컷들이기 때문이지. 이런 자극을 통해 아래쪽 암컷은 알을 만들어 낼 수 있어. 이 알에서는 당연히 암컷 새끼만 부화하고, 이들도 훗날 다른 암컷과 짝짓기를 해서 암컷 자손을 번식해.

짝짓기는 수컷과, 살기는 암컷과 함께, 긴꼬리제비갈매기

긴꼬리제비갈매기도 주로 암컷끼리 짝을 이루어 살아. 어떤 때는 두 마리 암컷이 함께 한 둥지에 알을 낳고 품기도 해. 암수가 짝을 이루는 다른 새들과 마찬가지로 암컷 커플도 둘 중 하

나가 먹이를 구해 오는 동안 다른 암컷은 둥지에 남아 부화를 담당해. 이 종에서 수컷은 몇 마리 되지 않아. 그래서 암컷들에게 잠시 정자를 제공해 주는 역할만 해. 짝짓기가 끝나면 암컷들은 부화를 위해 즉시 각자의 암컷 짝에게 돌아가.

사이좋은 두 마리 우두머리 사자

때로는 사자 수컷 두 마리도 부부처럼 살아가. 함께 장난치고, 서로의 등에 올라타고, 또 사자 무리를 함께 이끌어. 이들은 끊임없는 애정 표현을 통해 서로에 대한 존경심을 드러내.

우두머리가 누군지 보여 주겠어, 기니피그

기니피그 수컷들도 서로의 등에 올라타. 물론 새끼를 낳으려고 그러는 건 아냐. 그건 원래 불가능한 일이거든. 수컷들의 그런 행동은 무리 내에서의 서열 정하기와 관련이 있어. 그러니까 우두머리 수컷은 그런 행동을 통해 다른 수컷들에게, 앞으로 얌전히 지내야 하고 자기에게 복종해야 한다는 걸 보여 줘.

무리 내에서의 확고하고 명확한 질서는 집단의 안전과 평화를 위해 꼭 필요해. 생각해 봐. 끊임없이 서로 자기가 우두머리라고 싸우면 얼마나 불안하고 혼란스럽겠어? 그래서 서열은 분명히 정해져야 하고, 반복해서 확인되어야 해. 기니피그처럼 일종의 동성애 같은 행동을 통해서라도 말이야.

동성끼리의 짝짓기가 공동생활의 자연스런 한 부분을 차지하는 동물 종은 수없이 많아.

기린, 황새, 코끼리, 펭귄, 들소, 플라밍고, 독수리, 코끼리물범, 대왕오징어, 영양, 범고래, 초파리, 맵시벌, 인도시클리드, 보노보, 양, 잠자리, 빈대, 소, 오리, 얼룩말, 극락조, 얼룩무늬물범, 두루미, 회색기러기, 마카크원숭이, 도토리딱따구리, 다마사슴, 족제비, 도마뱀, 고릴라, 바구미, 코알라, 알바트로스 등등.

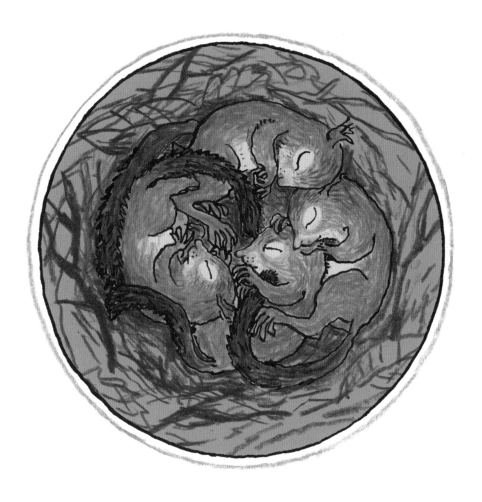

새끼가 태어나면

여기가 어디야?

배고파!

항상 그런 건 아니지만, 구애와 짝짓기가 끝나면 새끼가 태어나. 새끼들은 어미 배 속이나 보금자리, 혹은 다른 안전한 장소에서 무럭무럭 성장하지. 그런데 새끼들에게 삶의 첫 발을 내딛는 건 매우 위험한 일이야. 대개 아직은 적으로부터 자신을 지킬 힘이 없기 때문이지.

포유류는 대부분 어미 자궁에서 자라다가 질을 통해 세상에 나와. 새끼가 태어나면 어미는 입으로 깨끗하게 핥아 주고, 함께 딸려 나온 탯줄과 태반을 먹어치울 때가 많아. 적이 피와 양수 냄새를 맡고 꾀어드는 걸 막으려는 거지.

새끼가 태어났는데도 정작 아비가 없는 경우가 많아. 많은 동물 종이 어미 혼자 새끼를 키우거든. 사실 포유류의 경우 아비는 없어도 되지만 어미는 없으면 안 돼. 새끼에게 양분을 제공하는 젖도 어미에게서만 나오니까. 상당수 포유류들은 새끼들을 동굴이나 다른 안전한 곳에서 키워.

반면에 **조류**는 대부분 어미와 아비가 알의 부화와 새끼의 양육을 같이 책임져. 새끼들은 처음엔 앞을 보지 못하고, 몸을 보호하는 깃털도 없어. 하늘을 나는 것도 천천히 배워야 해.

포유류와 조류에 비하면 **어류**와 거의 모든 **양서류, 곤충류, 파충류, 거미류** 새끼들의 상황은 별로 좋지 못해. 물론 처음엔 어미가 알을 안전한 곳에 낳거나 세심하게 보호할 때도 많지만, 일단 알을 깨고 나오면 새끼는 보통 혼자서 삶을 헤쳐 나가야 해. 이런 종류의 동물들이 그렇게 많은 양의 알을 낳는 것도 최소한 그중 몇 마리라도 살리려는 생존 전략이야.

말 수정란이 새끼로 변하는 과정

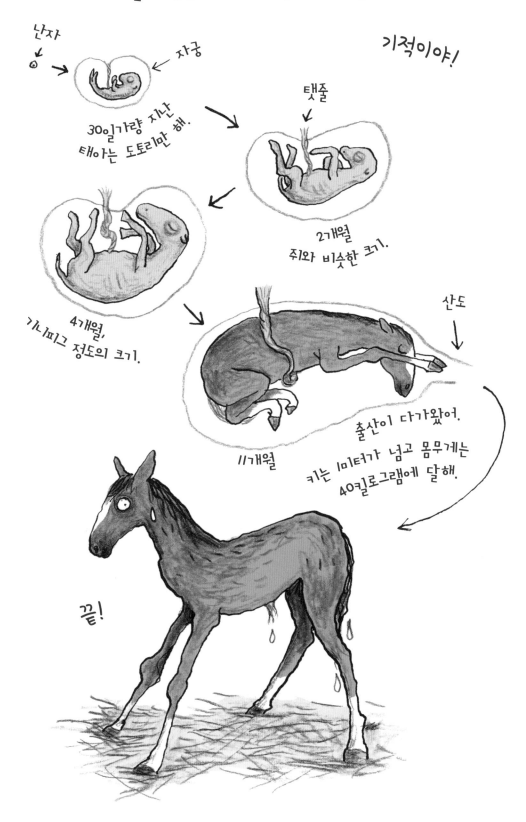

난자

자궁

기적이야!

30일가량 지난 태아는 도토리만 해.

탯줄

2개월 쥐와 비슷한 크기.

4개월, 기니피그 정도의 크기.

산도

11개월

출산이 다가왔어. 키는 1미터가 넘고 몸무게는 40킬로그램에 달해.

끝!

임신

아빠 배에서, 해마

해마의 경우는 수컷이 번식 과정에서 아주 중요한 역할을 해. 알을 품고 있다가 새끼들을 무사히 세상으로 내보내는 게 수컷이거든. 암컷이 수컷의 육아낭에 알을 수백 개 낳으면 수컷은 정자로 알을 수정시킨 뒤 신체 조직으로 감싸. 이제 소중한 알들은 외부의 위험으로부터 안전하게 보호받으며 아빠의 배 속에서 자라. 임신 기간 동안 아빠는 항상 같은 장소에 머물러. 아이들 엄마가 물풀을 꼬리에 휘감고 매일 찾아오거든.

10일에서 12일이 지나면 수컷의 불룩한 배에서 작은 해마들이 알을 깨고 나와. 이때 수컷은 정말 온몸의 힘을 모아 어린 새끼들을 배에서 밀어내. 꼭 포유류 어미들이 산통을 하며 힘들게 새끼를 낳는 것과 비슷해.

딸이다!

아들이다!

딸일까, 아들일까? 거북

어미 거북이 알을 파묻을 때는 어디가 좋을지 잘 생각해야 해. 왜냐하면 새끼가 암컷일지 수컷일지는 수정할 때 미리 정해지는 것이 아니라, 알이 부화되는 곳의 주변 기온에 달려 있거든. 따뜻한 환경에서는 암컷이 태어나고, 좀 서늘한 곳에서는 수컷이 알을 깨고 나와.

동시에 두 번이나, 숲멧토끼

숲멧토끼 암컷은 동시에 두 번 임신할 수 있어. 쌍둥이를 말하는 게 아냐. 그게 어떻게 가능하냐고? 암컷의 배 속에 자궁이 두 개 있어서 그래. 거기서는 각각 아빠가 다른 새끼들이 자라.

토끼는 짝짓기를 자주 해. 그건 임신한 토끼도 예외가 아냐. 임신한 상태에서도 얼마든지 다른 수컷과 짝짓기를 할 수 있어. 그래서 암컷의 배 속에서는 이미 자라고 있는 새끼들 말고 다른 수컷의 새끼들이 난자와 수정해서 두 번째 자궁으로 이동해. 암컷은 첫 번째 새끼들이 태어나자마자 바로 다음 새끼들을 위해 새로운 보금자리를 준비해.

엄마, 어디 가?

역시 타이밍을 잘 맞췄어!

임신 휴지기, 노루

새끼는 봄에 태어나는 게 제일 좋아. 날씨가 따뜻할 뿐 아니라 여기저기 새싹이 돋아나서 먹이를 구하기 쉽거든. 암컷 노루는 새끼가 그 좋은 계절에 딱 맞춰서 태어날 수 있도록 출산 시기를 조절할 수 있어. 임신은 보통 한여름에 이루어져. 그때부터 새끼가 정상적으로 어미 몸속에서 계속 자라면 먹을 게 없는 추운 겨울에 태어나게 돼. 그러면 새끼가 살아남을 확률은 줄어들겠지. 그래서 노루는 임신 중에 수정란이 자궁 속에서 자라는 것을 멈추게 할 수 있어. 그게 바로 임신 휴지기야. 그러다 출산 시기가 생존에 유리한 봄에 맞아떨어진다 싶으면 어미 배 속의 새끼는 다시 성장을 시작해.

새끼를 입으로 뱉어 내는, 다윈코개구리

이름이 재미있지 않아? 영국 생물학자 찰스 다윈이 여행 중에 발견했다고 해서 '다윈'이라는 이름이 붙었고, 유난히 길고 뾰쪽한 코를 가졌다고 해서 '코개구리'라는 이름이 붙었어. 이 종은 생긴 것도 특이하지만 임신 과정도 다른 개구리들과 달라. 다른 개구리의 경우, 수정된 개구리 알은 부모의 손을 떠나 각자 알아서 운명을 헤쳐 나가야 해. 우선 물속에서 알로 살아남아야 하고, 올챙이로 부화하고 나서도 다시 작은 개구리로 자라기까지는 자연의 많은 위협을 견뎌내야 하지. 그사이 수많은 새끼들이 목숨을 잃을 수밖에 없어. 반면에 다윈코개구리 새끼들은 아빠의 자상한 보호를 받아. 수컷은 수정란에서 깨어난 올챙이들을 그냥 입으로 꿀컥 삼켜. 그러면 올챙이들은 아빠 턱 밑의 주머니 속에서 2주 정도 안전하게 자라. 그 시간 동안 아빠 개구리의 목에서는 끊임없이 꾸르륵거리는 소리가 들려. 그러다 어느 날 드디어 아빠의 "출산"이 시작돼. 다윈코개구리 아빠가 입을 벌린 채 움찔움찔하면서 다 자란 개구리 새끼들을 한 마리씩 차례로 세상에 내보내는 거지.

★ ★ ★

동물의 알은 모두 비슷비슷할까?
절대 그렇지 않아!

태어나는 곳이야 어디가 됐건, 생명체는 대개 알 상태에서 시작해. 그러니까 새 생명이 안전하게 자랄 수 있도록 딱딱한 껍질로 둘러싸인 형태나 첫 세포로서 시작한다는 말이지.

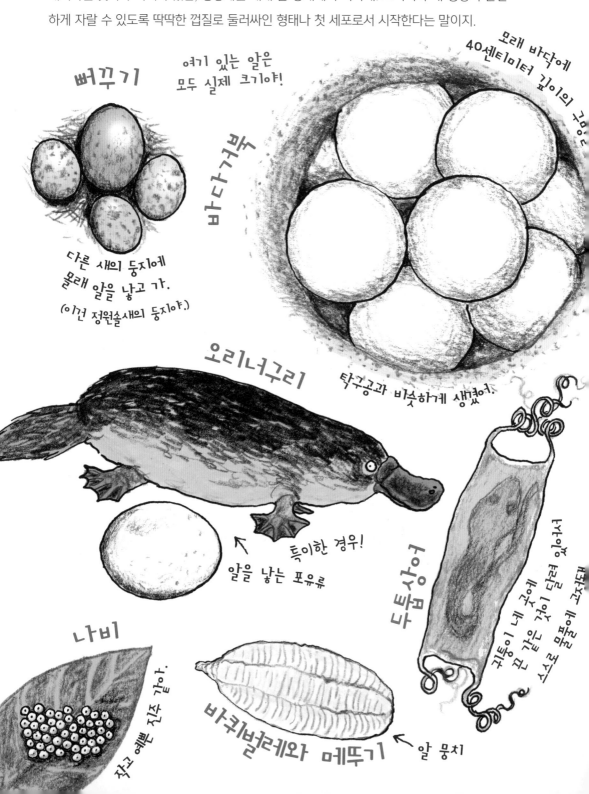

뻐꾸기

여기 있는 알은 모두 실제 크기야!

다른 새의 둥지에 몰래 알을 낳고 가. (이건 정원솔새의 둥지야.)

바다거북

모래 바닥에 40센티미터 깊이의 구덩이

탁구공과 비슷하게 생겼어.

오리너구리

특이한 경우! 알을 낳는 포유류

나비

작고 예쁜 진주 같아.

바구벌레와 메뚜기

알 뭉치

아귀상어

캡슐이 네 곳에 모든 것이 단단히 달려 있어서 스스로 물에 떠내려가지 않도록

출산 때까지 끈기 있게

알에서 부화하지 않는 동물은 어미 배 속에서
바로 세상에 나와. 어떤 때는 태어나기까지
몇 년이 걸리기도 하고, 어떤 때는 상당히
짧은 시간이 걸리기도 해.

새끼가 태어날 때까지는
얼마나 걸릴까?

골든햄스터
멧돼지
개
양
사람
기린
코뿔소

0 1 2 3 4 5 6 7 8 9 10 11 12 13 14 15 16 17

개월 수로 나타낸 임신 기간 ➞

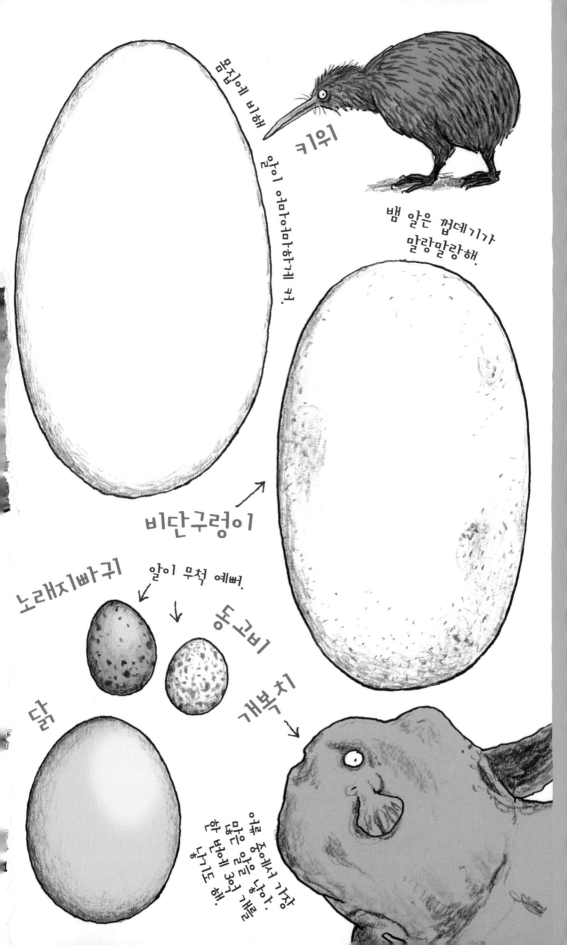

키위

몸집에 비해 알이 어마어마하게 커.

뱀 알은 껍데기가
말랑말랑해.

비단구렁이

노래지빠귀

알이 무척 예뻐.

동그비

달

개복치

알로 좋애서 가장
많은 알을 낳아.
한 번에 3억 개를
낳기도 해.

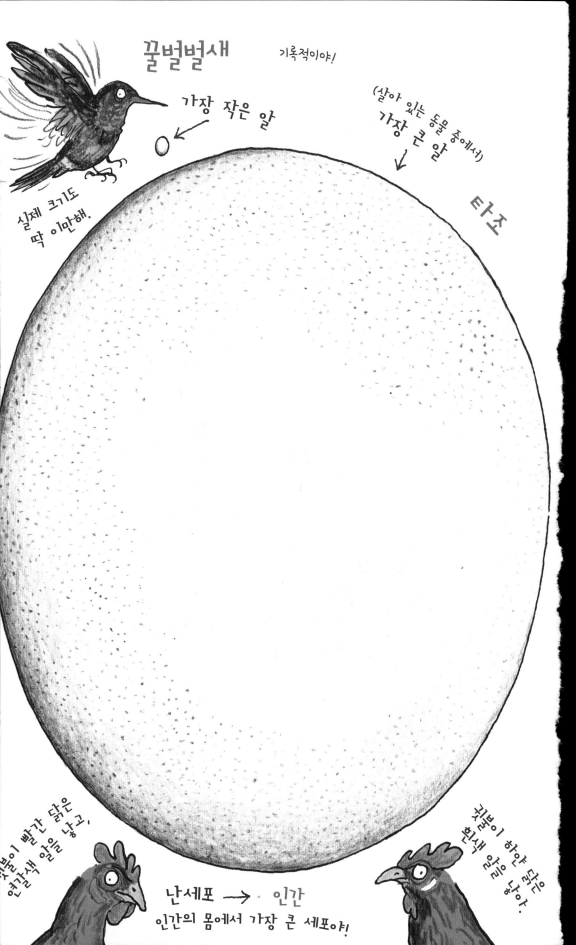

꿀벌벌새

기록적이야!

가장 작은 알

실제 크기도
딱 이만해.

(살아 있는 동물 중에서)
가장 큰 알

타조

암탉이 빨간 닭은
연갈색 알을 낳고,

귀털이 하얀 닭은
흰색 알을 낳아.

난세포 → 인간
인간의 몸에서 가장 큰 세포야!

코끼리   알프스도롱뇽

8   19   20   21   22   23   24   25   26   27   28   29   30   31   32   33   34   35   36

출산

두 번 태어나는 캥거루

갓 태어난 캥거루 새끼는 아주 쪼그매. 껑충껑충 뛰어다니는 털 달린 유대류라기보다는 꼭 쭈글쭈글한 연분홍색 벌레 같아. 어미는 1그램밖에 안 되는 작은 새끼를 질을 통해 낳는데, 벌거숭이 몸에 눈과 귀까지 먼 새끼는 어미 털을 꼭 붙잡고 꿈틀거리기 시작해. 어미가 새끼 몸에 묻은 양수와 끈끈한 점액 분비물을 핥는 동안 2센티미터 크기의 벌레 같은 새끼는 앞발로 어미 배털을 붙잡고 힘들게 육아낭 속으로 들어가. 이렇게 몇 분 안에 삶의 첫 도전을 무사히 마치면 어미젖이 기다리고 있어. 육아낭 속 깊숙한 곳에 새끼가 이제부터 빨아먹을 젖꼭지가 달려 있거든. 새끼는 앞으로 한동안 여기 머물 거야. 미숙하기 그지없는 이 쪼그만 새끼에게는 이만큼 안전하고 편안한 곳은 없어. 녀석은 몇 주, 몇 달 동안 여기서

처음 태어났을 때의 캥거루 새끼(실제 크기)

먹고 자고, 먹고 싸고, 또 먹고 자고 하다가 마침내 몸집이 커지고, 털이 나고, 시각과 청각이 발달하고……. 그러다 진짜 새끼 캥거루가 돼.

두 번째로 태어날 때의 캥거루 새끼

6개월 정도 지나면 주머니가 너무 좁게 느껴져. 그러면 어린 캥거루는 이제 두 번째로 태어나게 돼. 어미의 품에서 벗어나 비로소 세상에 나오거든. 이때부터는 혼자서도 뒷발로 제법 잘 뛰어다녀.

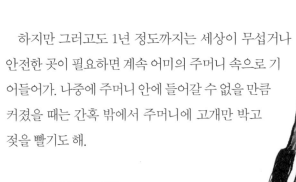

하지만 그러고도 1년 정도까지는 세상이 무섭거나 안전한 곳이 필요하면 계속 어미의 주머니 속으로 기어들어가. 나중에 주머니 안에 들어갈 수 없을 만큼 커졌을 때는 간혹 밖에서 주머니에 고개만 박고 젖을 빨기도 해.

고공 낙하, 기린

야생에서 살아가는 기린은 항상 맹수의 공격에 대비해야 해. 평생을 도망치는 운명을 타고난 동물이지. 때문에 대부분 선 채로 잠을 자고, 새끼를 낳을 때도 편하게 눕는 일이 없어. 그래서 어미의 질을 통과한 새끼는 2미터 높이에서 그냥 바닥으로 뚝 떨어져. 생각만 해도 무척 아플 것 같지? 하지만 그렇지 않아. 다행히 뼈들이 아직 말랑말랑해서 별로 아프지 않고, 다치지도 않아. 새끼 기린은 태어난 지 몇 시간만 지나면 벌써 어미를 따라 어색하게나마 걷고 뛸 수 있어.

혹시 몰라 안전망을 펼치는 박쥐

박쥐는 잘 때만 거꾸로 매달려 있는 것이 아니라 새끼를 낳을 때도 마찬가지야. 천장에 매달린 어미 박쥐는 온몸에 힘을 주며 중력에 맞서 새끼를 질 밖으로 밀어내. 이때 새끼가 혹시 바닥에 떨어질까 봐 안전망처럼 날개를 활짝 펼쳐. 다행히 어린 새끼는 태어나는 순간부터 어미를 발로 꽉 붙잡을 수 있어. 그런 다음 곧바로 젖을 먹고, 몇 주가 지나면 어른 박쥐들처럼 주변을 날아다녀.

이빨로 알을 깨는 닭

부화하기 전 알 속의 병아리는 부리에 작은 이빨이 자라. 알을 깨고 나오는 데 꼭 필요한 도구지. 병아리는 알에서 나올 때가 되면 이빨로 알 안쪽을 찍어 구멍을 내. 그런 다음 힘들게 몸을 돌리고 비틀어서 단단한 알 벽을 밀어내. 그렇게 계속 사력을 다하다 보면 어느 순간 알껍데기를 깨고 밖으로 나올 수 있어. 이제 일단은 한숨을 돌려야겠지! 그러다 몇 시간이 지나면 솜털처럼 보드라운 병아리의 모습으로 다른 형제자매와 어미를 만날 수 있어. 알을 쪼던 이빨은 더 이상 필요가 없어. 그래서 며칠 뒤엔 저절로 퇴화하거나 그냥 떨어져 버려.

한배에서 나온 병아리들은 모두 비슷한 시각에 알을 깨고 나와. 신기하지 않아? 어떻게 그게 가능할까? 함께 알을 깨고 나오자고 "약속"을 해서 그래. 병아리들은 힘들게 부화하기 며칠 전부터 알 속에서 큰 소리로 삐악삐악 울어. 서로 소통하는 거지. 그러다 때가 되면 거의 동시에 부리에 달린 이빨로 각자 탈출을 시도해.

★ ★ ★

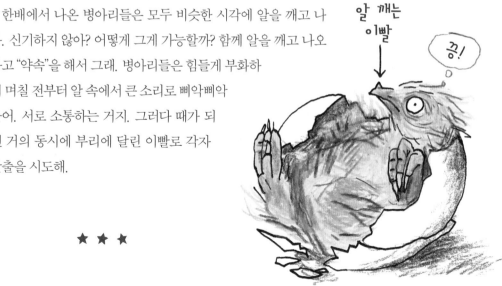

꼬리부터 나오는 돌고래

다른 포유류와 달리 돌고래는 꼬리부터 세상에 나와. 그래야 시간이 오래 걸리는 출산 과정 중에도 탯줄로 산소를 충분히 공급받을 수 있거든. 만일 대부분의 인간처럼 머리부터 나오게 되면 새끼 고래는 물속에서 숨을 쉬지 못해 죽을 수도 있어. 그래서 새끼가 태어나면 어미 돌고래나 다른 암컷이 재빨리 새끼를 수면 위로 데려가. 처음으로 혼자 숨을 쉬게 하기 위해서지. 이처럼 돌고래는 어미 혼자 새끼를 낳지 않고, 다른 암컷이나 암컷 무리 전체가 출산을 도울 때가 많아.

시차를 두고, 난쟁이킬리피시

이 어류의 새끼는 어미 배 속에서 부화해서 물고기 형태로 몸 밖으로 나와. 이름에서 알 수 있듯이 난쟁이킬리피시는 아주 작아. 때문에 어미 몸은 점점 커지는 새끼들을 위한 공간이 그리 넓지 않다. 그래서 이 종은 천천히 시차를 두고 부화해서 차례로 내보내는 전략을 선택해. 그러니까 다 큰 새끼들을 내보내는 속도에 맞추어 뒤에 남은 새끼들을 천천히 키우는 거지. 이런 식으로 난쟁이킬리피시는 새끼 서른 마리를 세상에 내보내기까지 4주의 시간이 걸리기도 해.

엄마와 아빠

내가 일등이다!

수컷이 알을 등에 업고 다니는 물자라

물자라는 새끼 부화를 전적으로 수컷 혼자 책임져. 암컷은 알이 수정되자마자 곧바로 수컷 등에 알을 낳고 특수 접착제로 붙여 버려. 그러고는 바람처럼 사라져. 이제부터 아빠가 새끼들을 잘 키워 줄 거라고 믿기 때문이지. 이제부터 수컷은 백여 개가 넘는 알을 혼자 짊어지고 다녀야 해. 움직이거나, 먹이를 찾거나, 잠을 잘 때도 조금씩 커 나가는 새끼들과 항상 함께 지내야 한다는 얘기지. 물에서 헤엄칠 때는 특히 조심해야 해. 새끼들의 무게에 눌려 빠져 죽을 수도 있거든.

새끼들이 세상에 나온 뒤에도 수컷 등에 알껍데기가 여기저기 남아 있는 것을 가끔 볼 수 있어. 이제 아빠의 등은 얼마나 가벼울까! 마음은 또 얼마나 홀가분할까!

희생적인 사랑, 심해문어

깊은 바다에서 부화한 어린 문어들은 알에서 나오자마자 혼자 힘으로 살아가야 해. 하지만 지금껏 어미가 얼마만큼 헌신적으로 자신들을 보살폈는지는 짐작조차 못 할 거야. 암컷 심해문어는 평생 단 한 번만 어미가 돼. 일단 어미가 되면 백 개가 넘는 알을 밤낮으로 지키고, 자기 몸으로 알을 품어서 보호하고, 새끼들이 잘 자랄 수 있게 계속 맑은 물을 알 쪽으로 보내. 자신은 거의 아무것도 먹지 못하면서 말이야. 그래서 갈수록 창백해지고 몸무게가 줄어들어. 게다가 알을 지키고 돌보는 기간은 4년까지 걸리기도 해. 어미로서의 사명을 완수하고 새끼들이

다들 잘 살아······

모두 부화하고 나면 암컷은 완전히 탈진한 상태에서 서서히 죽어가.

삼각관계, 바위종다리

바위종다리는 연갈색과 회색빛을 띤 평범한 새야. 그런데 짝을 고를 때는 결코 소심하거나 평범하지 않아. 암컷은 가끔 두 마리 수컷과 동시에 짝짓기를 해. 그러고 나면 둘 중에서 누가 더 마음에 들고, 누구의 정자와 수정할지 스스로 결정해. 선택받지 못한 수컷의 정자는 총배설강으로 다시 내보내 버려. 그런데도 수컷 두 마리는 다 자기가 아버지라고 생각해. 그래서 알을 품고 있는 암컷에게 쉴 새 없이 먹이를 갖다 바치고, 부화한 새끼들을 위해 영양가 풍부한 벌레들을 물어 오고, 적의 공격으로부터 둥지를 지키기 위해 밤낮없이 뛰어다녀. 그사이 암컷은 아늑한 둥지에 앉아 새끼들을 보살펴. 새끼들의 미래는 걱정할 필요가 없거든.

아빠 1

아빠 2

사랑으로 키워서 잡아먹는 베타

알록달록한 몸에 깃털 같은 지느러미가 달린 베타는 극락조처럼 아름다워. 하지만 상당히 공격적이기도 해. 예를 들어 경쟁자가 접근하면 둘 중 하나가 죽을 때까지 서로 물고 뜯으며 치열하게 싸우거든.

다른 한편으로 수컷은 헌신적으로 자식을 돌보는 자상한 아빠이기도 해. 우선 직접 만든 거품과 침을 이용해서 힘겹게 수면에다 푹신하고 부드러운 둥지를 만들어. 그런 다음 암컷을 그

빨리 도망쳐!

밑으로 유혹해서 산란을 하게 해. 이제 수정란들은 수컷이 정성스럽게 만들어 놓은 둥지로 옮겨져. 혹시 둥지에서 새어 나간 알들이 있으면 아빠는 주둥이로 조심스럽게 모아 다시 둥지 속에 살며시 뱉어 놓아. 그러고는 둥지와 알이 잘 있는지 살펴보고, 또 살펴봐. 잠잘 생각도 없는 것 같아. 그저 쉴 새 없이 둥지에서 빠져나가는 알들을 다시 옮겨다 놓고, 둥지의 망가진 곳을 수리하고, 접근해 오는 적들로부터 알을 지키기에 바빠.

그런데 주의해야 할 게 있어. 새끼들은 알에서 나와 헤엄을 칠 수 있게 되면 바로 도망쳐야 해. 그때부터 아빠는 더 이상 새끼 돌보는 일에 관심이 없고, 어린 베타들을 잡아먹으려고 기를 쓰고 달려들거든.

수백만 마리를 낳는 초파리

초파리는 없는 곳이 없어. 과일 껍질, 달달한 건포도 빵, 설거지하지 않고 놓아 둔 주스 컵 등 어디 있다가 나타나는지 알 수 없을 정도로 순식간에 우글거려. 빨간 눈에 황갈색 몸을 가진 작은 초파리가 여름철에 일단 부엌에 한번 나타났다 싶으면 한순간에 불어나 과일 바구니 위에 수백 마리가 떼를 지어 날아다니지. 초파리 한 마리는 한 번에 4백 개까지 알을 낳을 수 있어. 사람 눈에는 거의 보이지 않지만, 그 알에서는 곧 애벌레가 나와. 보통 달콤한 복숭아나 갈색으로 변한 사과, 잘 익은 살구에 붙어 있다가 태어나는데, 애벌레에겐 그만큼 좋은 양분이 없어. 하지만 그중 많은 녀석들이 이 땅에 잠시 머물다 사라져. 우리도 모르는 사이에 과일을 먹는 사람의 위장 속으로 들어가 버리거든. 하지만 일단 애벌레에서 어른 초파리로 자라기만 하면 그날부터 짝짓기를 해서 새로운 알을 낳을 수 있어. 초파리 한 쌍이 한 달 동안 낳는 자식과 그 자식의 자식, 또 그 자식의 자식은 수백만 마리에 이르지.

분업, 황제펭귄

황제펭귄은 남극의 지독한 추위와 매서운 칼바람 속에서 새끼를 부화하려면 정말 많은 것을 견뎌내야 해. 암컷은 딱 한 개의 알만 낳는데, 부화를 책임지는 건 주로 아빠야. 수컷은 발 위에 알을 올려놓고 따뜻한 배로 덮어 헌신적으로 알을 품어. 바람을 등진 채 세찬 눈보라를 맞

완전 따뜻해.

아가면서 말이야. 암컷이 바다로 가서 먹이를 구해 오는 몇 주 동안 수컷은 혼자 알을 돌봐야 해. 물론 혼자만 남는 건 아냐. 다른 아빠들과 하나의 운명 공동체가 되어 매서운 추위와 바람 속에서 부화의 어려움을 함께 이겨내. 수컷들은 부화 내내 서로의 몸을 바짝 붙여. 그러면 서로의 체온 때문에 조금은 따뜻하거든. 그런데 서 있는 위치를 정하는 건 무척 공정해. 누구는 계속 따뜻한 중간 자리에만 있고, 누구는 계속 매서운 바람을 맞는 맨 가장자리에 있어서는 안 되거든. 그래서 줄곧 돌아가면서 서로 위치를 바꿔. 이런 식으로 수컷들은 암컷들이 돌아오길 두 달이나 기다려. 그때까지는 아무것도 먹지 못해. 그러면 당연히 몸이 비쩍 마르겠지. 가끔 눈으로 갈증을 해소하는 게 전부야. 그러다 새끼가 알을 깨고 나오면 따뜻하고 안전한 배 밑에 넣고 "젖"을 먹여. 굶주린 수컷의 위장에서 나오는 "아빠 젖"이지.

그리고 얼마 지나지 않아 마침내 암컷들이 든든하게 배를 채워 바다에서 돌아와. 암컷들은 똑같이 생긴 수백 마리의 펭귄 중에서 각 수컷의 고유한 소리로 자기 짝을 찾을 수 있어. 이제야 수컷도 암컷과 교대할 수 있게 됐어. 바다로 달려가 주린 배를 채울 수 있게 됐다는 말이지! 황제펭귄 엄마 아빠는 이제부터 함께 새끼를 돌보고, 돌아가면서 새끼 양육을 담당해. 아마 다음 부화기에는 한층 더 숙련된 환상의 팀을 이룰 거야.

사과 파리에 같이 갈래?

작은 배 모양의 알들

안녕!

새끼들을 위해 피를 빠는 모기

짝짓기를 할 때면 수컷 모기들은 빽빽하게 떼를 지어 날아다녀. 그러면 암컷은 수정을 위해 그 무리 속으로 들어가. 수정이 이루어지면 암컷은 피를 빨고 싶은 욕구를 견디지 못해. 알을 낳으려면 단백질이 꼭 필요한데, 동물의 핏속에 그게 많이 담겨 있거든. 피가 없으면 새끼는 태어날 수 없어. 그래서 암컷은 뾰족한 침이 달린 주둥이로 피를 빨려고 열심히 희생양을 찾아 나서. 사람을 포함한 포유류, 조류는 물론이고, 어류, 파충류, 양서류의 피도 빨지. 충분히 마시면 이삼 일 뒤에 정교한 배 모양의 알집을 물 위에 낳아.

다음에 혹시 모기에 물려 몹시 가려울 때도 자식을 위해 피를 빨아야 하는 어미 모기를 생각하면 조금은 화가 누그러들지 않을까 싶어. 단, 수컷들은 피를 빨지 않아. 배 속에 새끼가 없기 때문에 식물 즙을 빠는 것만으로도 충분해.

모두 한 가족, 흰개미

흰개미 공동체의 중심에는 여왕과 그 짝이 있어. 수백만 마리의 흰개미 공동체는 오직 이 둘을 중심으로 이루어져. 모두가 이들을 위해 일하고 움직이고 집을 지어. 수많은 지하 통로와 통풍창, 방들이 있는 1미터 높이의 흰개미 집도 꼭 여왕 부부의 궁전 같아. 흰개미들이 이렇게 정성을 다해 여왕 부부를 받드는 이유는 하나야. 두 통치자가 시원하게 지내면서 편안하게 짝짓

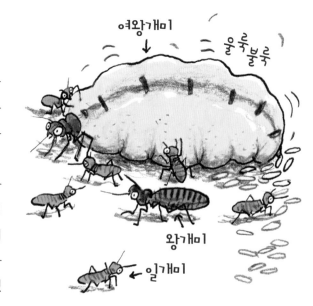

여왕개미

울룩불룩

왕개미

일개미

기를 하고 알을 낳아 달라는 거지. 여왕 흰개미는 때가 되면 아주 뚱뚱해져. 몸속에 알을 잔뜩 품은 기계처럼 보여. 이 기계의 꽁무니에서는 하루에 3만 개씩 수정란이 쏟아져.

한 집에 사는 흰개미 2백만 마리는 모두 부모가 같아. 혹시 그래서 그렇게 비슷해 보이는 걸까?

마마보이 보노보

보노보 새끼들은 특히 어미에게 집착해. 태어나 몇 년 동안은 누가 뭐라고 하든 어미 배나 등에 꽉 매달려 젖을 먹어. 독립한 뒤에도 수년 동안 어미 옆에서 잠을 자고, 어미 등에 업히길 좋아해. 살아가면서 정말 중요한 것들도 대부분 어미에게서 배워. 예를 들어 집단 내에서의 행동 규칙이라든지, 먹이와 적에 관한 지식이라든지, 아니면 울창한 밀림에서 방향을 찾는 방법 이라든지 말이야. 이것들 말고도 어미는 새끼들과 잘 놀아 주고, 잠시도 눈을 떼지 않고 새끼들을 보살펴. 특히 아들들을.

보노보의 경우, 아들과 어미의 관계는 평생 유지돼. 짝짓기 할 상대를 찾아야 할 만큼 젊은 수컷으로 성장한 뒤에도 어미는 곁을 지키며 아들을 도와줘. 암컷들 사이의 다툼을 중재하기도 하고, 필요할 때는 아들을 위해 다른 수컷들과 용감하게 싸우기도 해.

힘겨운 탄생

잔인한 형제자매, 모래뱀상어

모래뱀상어 암컷이 새끼를 임신하면 배 속에서는 끔찍한 살육이 벌어져. 처음엔 어미의 자궁 두 곳에 수정란이 20-40개가 있어. 나중에 이것들이 모두 알을 깨고 나오면 자리는 터무니없이 부족할 거야. 약 4개월이 지나면 어미 배 속에서 새끼 상어가 부화해. 크기는 어린이 손바닥만 하지만, 턱은 완전히 발달한 상태여서 얼마든지 작은 동물을 잡아먹을 수 있어. 그래서 가장 강한 녀석(대개는 알에서 가장 먼저 나온 녀석이야)은 시간이 가면서 자기보다 약하고 미숙한 동생이나 어미 배 속에 아직 수정란 상태로 있는 것들을 모두 잡아먹어 버려. 충분히 자라려면 먹이가 필요하거든. 결국 몇 개월 뒤엔 영양 상태가 좋은 튼튼한 새끼 상어 두 마리가 태어나. 자궁 두 곳에서 각각 한 마리씩이지. 녀석들은 어미 배 속에서부터 벌써 나중에 포식 물고기로서 살아갈 법을 배운 거야. 잡아먹든지, 아니면 잡아먹히든지.

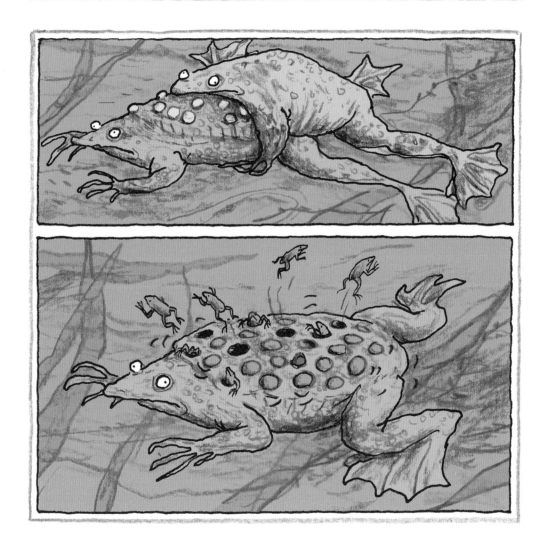

어미의 등판에 구멍을 뚫는 피파두꺼비

피파두꺼비는 수컷이 뒤에서 암컷의 배를 꼭 잡고 물속에서 아래위로 빙글빙글 돌면서 짝짓기를 해. 저러다 현기증이 나면 어쩌나 싶을 정도야. 서로 바짝 몸을 붙인 상태에서 암컷은 계속 알을 낳고, 수컷은 정자를 내보내 알을 수정시켜. 이어 수컷이 암컷 위로 올라가 100여 개의 수정란을 암컷 등에 꾹꾹 눌러. 이제 암컷의 평평한 등에는 작은 흰색 구슬이 장식처럼 반짝거리지. 알들은 끈적거리는 어미 등판의 피부를 뚫고 점점 아래로 들어가다가 마침내 완전히 사라져. 부화는 거기서 이루어지는데, 몇 주 뒤 어미의 등가죽이 갑자기 실룩거리기 시작해. 처음엔 등가죽 몇 군데가 갈라지더니 곧 등가죽 전체에서 수많은 작은 구멍이 생겨나고, 팔과 다리를 시작으로 몸뚱이 전체가 어미의 피부를 뚫고 나와. 너무 무섭지! 어쨌든 이렇게 새끼들이 모두 떠나고 나면 이제 상처 난 피파두꺼비 어미만 혼자 남아. 등의 상처가 말끔히 아물려면 분명 시간이 제법 걸릴 거야.

남의 몸속에 알을 낳는 느쟁이벌

느쟁이벌은 화려한 색깔의 아름다운 외모 때문에 보석말벌로도 불려. 하지만 새끼를 낳는 방식은 전혀 아름답지 않아. 암컷은 알을 낳기 위해 다른 동물이 필요한데, 보통 그 대상은 바퀴벌레야. 공격당한 바퀴벌레는 열심히 싸워 보기는 하지만 곧 벌의 독침에 찔려 몸이 마비되고, 마지막에는 무방비 상태로 가만히 바닥에 누워 있을 수밖에 없어. 느쟁이벌은 바퀴벌레의 방향 감각까지 완전히 없애려고 더듬이도 뜯어내 버려. 그런 다음, 꼼짝 않고 누워 있지만 아직 목숨은 붙어 있는 바퀴벌레를 작은 굴로 끌고 가서 그 몸에 알을 낳고는 재빨리 동굴 입구를 작은 돌멩이로 막아 버리지. 이제 바퀴벌레는 산 채로 동굴에 갇혀 남은 생을 느쟁이벌 애벌레의 대리모이자 먹이로 쓰이다 죽어. 배고픈 애벌레들은 바퀴벌레의 몸을 파먹어 들어가면서 서서히 화려한 색깔의 새로운 보석말벌로 변해 가.

어미를 잡아먹는 피에모테스진드기

이 진드기 종의 암컷은 출산 때가 되면 배가 아주 커다란 공처럼 부풀어 올라. 그전에 어미 몸속에서는 여러 가지 일이 일어나지. 우선 충분히 성숙한 알은 애벌레로 부화하고, 부화한 애벌레는 다시 번데기로 바뀌어. 그런 다음 마지막에는 제대로 진드기 꼴을 갖춘 새끼들이 어미의 꽁무니에서 세상으로 나와. 그런데 그때부터 어미에게는 정말 공포 영화 같은 일이 기다리고 있어. 어미의 몸을 먼저 빠져 나오는 것은 수컷들인데, 녀석들은 세상에 나오자마자 바로 어미에게 달려들어 살아 있는 어미의 몸을 찌르고 체액을 빨아먹기 시작해. 충분히 먹어서 힘이 생기면 곧 태어날 암컷 동생들을 기다려. 여동생들이 나오기 시작하면 수컷들은 뒷다리 집게로, 죽어가는 어미의 몸에서 동생들을 힘껏 잡아당겨. 이렇게 암컷들을 기다리는 이유는 단 하나야. 즉석에서 바로 짝짓기를 하려는 거지. 이 종의 암컷들은 너무 불쌍해! 세상에 태어나자마자 어미와 똑같은 운명이 기다리고 있으니…….

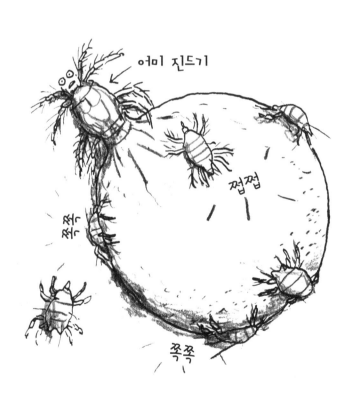

어미 진드기

쩝쩝

쪽쪽

쪽쪽

★ ★ ★

젖과 젖꼭지

포유류는 세상에 태어나자마자 젖을 먹어. 어미젖에는 성장에 중요한 영양소들이 듬뿍 들어 있어.
젖꼭지나 젖샘은 인간처럼 항상 쌍으로 달려 있어. 어미는 평균적으로 태어나는 새끼의 수보다
두 배 많은 젖꼭지를 갖고 있어.

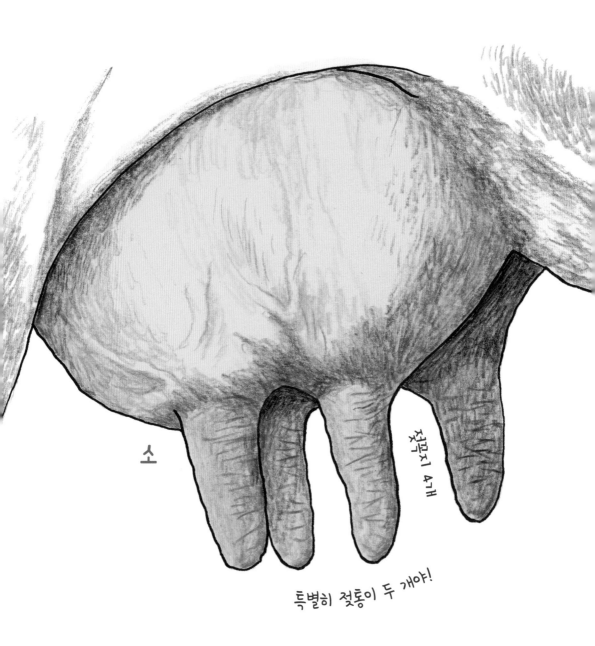

소

젖꼭지 4개

특별히 젖통이 두 개야!

돼지, 개, 고양이를 비롯해 많은 동물들의 배 아래쪽에는 여러 개의 젖꼭지가 양쪽으로 나란히 달려 있어.

저리 가!
이건 내가 제일 좋아하는
젖꼭지라고!

원숭이와 사람,
코끼리만 가슴에 젖샘이
두 개 있어.

실제 크기가 이래!

기록이네!

젖꼭지 24개

다유방쥐

염소, 양,
말은 뒷다리 사이에
젖꼭지가 두 개
달려 있어.

오리너구리

젖꼭지가 없어

젖이 나오는 부위

새끼들은 많은 자잘한
젖샘에서 어미의 배로
흘러내리는 젖을 핥아먹어.

새끼들의 삶

엄마한테 찰싹 매달리는 나무늘보

나무늘보의 삶은 아주 느릿느릿 흘러가. 새끼가 혼자 나뭇가지에 매달려 나뭇잎을 뜯어먹기까지 상당히 오랜 시간이 걸리는 것도 그 때문인 듯해. 나무늘보는 태어나자마자 어미한테 찰싹 달라붙어 9개월가량 어미의 부드러운 품에서 떨어지질 않아. 마치 해먹에 누운 것처럼 편안하게 보호를 받으며 나중에 살아가는 데 필요한 것들을 배워. 예를 들면 나뭇잎은 어떻게 따먹는지, 나무는 어떻게 건너는지 나무에 기어오르는 기술로는 어떤 것들이 있는지 배우는 거지. 이 모든 것은 아주 느긋하고 조용하게 진행돼.

도박과 같은 운명의 의충동물

이 바다 생물의 애벌레는 처음 알에서 나올 때부터 성별이 정해져 있는 게 아냐. 녀석들이 장차 암컷이 될지 수컷이 될지는 도박과 비슷해. 물살에 떠밀려 어디로 가는지에 따라 성별이 결정되거든. 바다 밑 모래 바닥에 도착한 녀석들은 암컷으로 발달해. 반면에 성숙한 암컷을 만난 애벌레들은 곧 쪼그만 수컷이 되어 암컷에게 잡아먹혀. 그렇다고 바로 죽는 건 아냐. 암컷에게 삼켜진 다른 많은 수컷들과 함께 암컷의 배 속에서 남은 생의 며칠을 한 가지 중요한 일에만 전

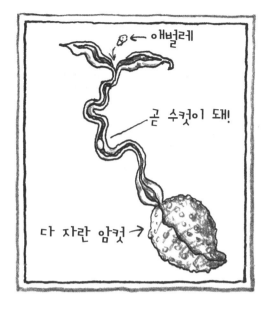

애벌레 →

곧 수컷이 돼!

← 다 자란 암컷

넘하거든. 암컷의 알을 수정시키는 거지. 혹시 어쩌다 바다에서 의충동물을 보게 되면 백 퍼센트 암컷이라고 생각하면 돼.

혼자 힘으로 사력을 다해, 바다거북

바다거북은 타고난 잠수부이자 수영 선수야. 물속에서 몇 천 킬로미터를 갈 수 있어. 하지만 중간에 숨을 쉬기 위해 계속 물 위에 떠올라야 해.

새끼 바다거북이 물속에서 부화하지 않는 것도 그 때문이야. 어미는 알을 낳을 때가 되면 항상 자신이 태어났던 해변으로 돌아가. 그런 다음 그곳의 따뜻한 모래 속에다 알을 파묻고 태양의 온기로 알이 저절로 부화하도록 해.

때가 되면 새끼 거북은 사력을 다해 알을 깨고 나와서 모래를 파헤치고 올라와. 하지만 그게 끝이 아냐. 어린 거북에게는 삶의 가장 큰 시련이 기다리고 있어. 수천 마리의 다른 새끼 거북들과 함께 뜨거운 모래사장을 지나 본래 삶의 터전인 바다까지 무사히 도착해야 하거든. 그래서 짧은 노처럼 생긴 다리를 어색하게 움직여 가며 부지런히 바다 쪽으로 기어가. 이 위험한 길에는 새끼들을 지켜 줄 어미도 없고, 다른 어른 거북도 없어. 하늘이건 땅이건 온통 굶주린 적들뿐이야. 그들에겐 죽음을 각오하고 모래사장을 가로지르는 연약한 새끼만큼 좋은 먹잇감이 없어. 때문에 시원한 바다에 도착해서 안도의 한숨을 내쉴 수 있는 새끼 바다거북은 몇 마리 되지 않아.

놀랄 만큼 훌륭한 부모, 까마귀

자, 이제 뭐하고 놀까?

앞을 볼 수 없고 털도 없는 새끼 까마귀는 알에서 부화한 뒤에도 한참 동안 부모의 보살핌이 필요해. 둥지를 떠날 만큼 충분히 자랄 때까지는 부모가 물어다 주는 벌레와 곤충, 열매를 먹어. 그런데 둥지를 떠난 뒤에도 처음에는 제대로 날지 못해. 모든 것이 어색하고 서툴지. 가끔 새끼 까마귀가 바닥이나 나뭇가지에 혼자 앉아 있는 것을 보면 부모에게 버려진 것처럼 보여. 의지할 데 없는 애처로운 느낌이 들지. 하지만 그렇지 않아. 엄마 아빠가 항상 근처에 있거든. 까마귀 부모는 둥지를 떠난 새끼를 꽤 오랫동안 보살펴 줘. 여전히 먹이를 갖다주고, 적으로부터도 보호해 줘. 혼자서 잘 날 수 있을 때까지 말이야. 굉장히 영리한 까마귀는 새끼들과 노는 것도 아주 잘해. 눈 덮인 언덕을 구르기도 하고, 함께 나무에 거꾸로 매달리거나 호두를 공처럼 던지는 놀이도 해.

새끼들을 등에 지고, 전갈

어미 전갈은 한눈에 알아볼 수 있어. 항상 새끼들을 등에 업고 다니거든. 몸빛이 아직 흰 새끼 전갈들은 알에서 깨어나면 어미 등 위에서 지내. 몇 주 동안은 거기서 뒤엉킨 채 복닥거리며 살아가. 어미는 독침이 있어서 어떤 적으로부터도 새끼들을 안전하게 보호하고, 피부를 통해 새끼들에게 충분한 영양을 공급해. 어린 전갈들은 곧 튼튼하게 자라 어미 곁을 떠나 혼자 살아가게 될 거야.

유치원을 운영하는 회색기러기

회색기러기들은 서로 도우며 살아. 예를 들어 부모가 먹이를 구하러 가면 새끼 기러기들을 따로 모아 보호하는 "유치원"을 운영해. 다른 어미들이 새끼들을 데리고 있으면서 혹시라도 무슨 일이 일어나지 않도록 잘 감시하는 거지.

다른 종류의 젖이 동시에 나오는 캥거루

6개월 정도 자란 새끼 캥거루가 어미의 안전한 주머니를 떠나면 이제부터는 풀과 나뭇잎을 먹고 살아야 해. 그런데도 틈틈이 어미의 주머니에 얼굴을 박고는 어미젖을 찾아. 때로는 그 무렵에 벌써 새로운 새끼가 태어나 어미의 주머니 속에서 다른 젖꼭지를 빨고 있기도 해. 그럴 경우 어미 캥거루는 두 아이에게 젖을 먹여야 하는데, 신기하게도 젖꼭지마다 각각의 새끼에게 맞는 젖이 따로 나와. 갓 태어난 새끼는 무럭무럭 자라야 하기 때문에 지방이 풍부한 젖을 먹고, 어느 정도 자란 새끼는 주로 딱딱한 먹이를 씹기 때문에 좀 묽은 젖을 먹어.

봄에 처음 세상 구경을 하는 북극곰

대부분의 다른 동물들과는 달리 북극곰은 겨울에 새끼를 낳아. 깊은 눈 동굴에서 남의 눈치 안 보고 안전하게 새끼를 낳은 뒤 처음 몇 개월 간 새끼들과 함께 지내. 갓 태어난 새끼는 아주 쪼그맣고, 앞을 볼 수 없고, 털도 거의 없어. 무게는 겨우 500그램 정도밖에 안 돼. 슈퍼에서 파는 버터 두 개의 무게와 비슷해. 새끼 북극곰은(보통 두 마리야) 처음엔 영양이 풍부한 젖과 어미의 보살핌에 의지하며 살아갈 수밖에 없어. 그래서 어미는 몇 개월 동안 어린 새끼들과 깊은 눈 동굴에 갇혀 지내. 다행히 지난여름에 지방을 몸속에 충분히 저장해 놓았기 때문에 당분간은 몇 개월 먹지 않고도 버틸 수 있어.

겨우내 홀쩍 자란 새끼들은 봄이 오면 동굴 밖으로 나가 처음으로 세상 구경을 해. 처음 본 세상은 너무 신기할 거야. 새끼들은 호기심에 젖어 주변 곳곳을 신나게 돌아다녀. 그런 새끼들 곁에는 항상 어미 곰이 있어. 새끼들이 너무 노는 데만 정신이 팔려 위험에 빠지지 않을까 늘 감시하고, 그러면서도 함께 즐겁게 소리치며 놀아 주기도 해. 새끼들은 이런 어미의 보호를 받으며 북극곰에게 가장 중요한 기술인 달리기와 수영, 잠수, 사냥을 배워.

가족

다함께 패밀리, 타조

타조 무리에서 암컷은 아주 여유롭게 살아. 가정에 별로 신경 쓰지 않아도 되거든. 새끼들을 자상하게 보살피는 건 주로 수컷이야. 수컷은 맨 먼저 알이 부화할 구덩이를 파. 그 뒤 짝짓기 철이 되면 암컷 여러 마리와 짝짓기를 하고, 암컷들은 수컷이 파놓은 둥지에 차례로 알을 낳아. 그렇게 2주가 지나면 어미가 다른 40여 개의 알이 둥지에 쌓여. 물론 아비가 다른 경우도 드물지 않아. 하지만 타조들에겐 누가 누구의 어미이고 아비인지는 중요하지 않아.

우두머리 타조와 첫 번째로 짝짓기 하는 암컷이 정식 아내가 돼. 나머지 암컷들은 그냥 같이 살 뿐이야. 그래서 새끼들에 대한 책임감도 별로 없어. 물론 그럼에도 가족의 일원이기는 해. 둥지 속의 알을 품고 보살피고 보호하는 건 주로 우두머리 수컷의 몫이야. 물론 아내가 교대로 거들어. 새끼들이 알에서 나오면 부부는 상당히 많은 새끼들의 자랑스러운 부모가 돼. 정확히 누가 엄마이고 아빠인지는 알 수 없지만, 그런 건 상관없어. 중요한 건 모두가 한 가족이라는 거야!

우린 모두 한 가족이야!

대가족 미어캣

미어캣은 땅속에 거미줄 같은 굴을 만들어 놓고 대가족의 형태로 살아가. 이 공동체에서는 각자 해야 할 일이 명확하게 나누어져 있어. 예를 들어 파수꾼 미어캣은 굴을 지키고 적의 접근을 감시하는 일을 해. 뒷다리로 서서 주변을 주의 깊게 살펴보다가 적의 위험이 감지되면 즉시 날카로운 소리를 내서 식구들에게 이렇게 경고해. 모두 굴속으로!

보모 미어캣은 새끼들을 돌보는 일을 해. 아기 미어캣이 추위에 떨지 않도록 따뜻하게 해 주고, 더 큰 새끼들은 다치지 않도록 늘 유심히 지켜봐. 그 밖에 가족을 위해 먹이를 구해 오는 일만 하는 미어캣도 있어.

젊은 수컷 미어캣은 어려서부터 경험 많은 어른들에게서 딱정벌레와 위험한 전갈을 사냥하는 법을 배워. 그런 다음 마치 학교에서처럼 그 기술을 연습하고 또 연습해. 그러고 나면 나중에는 살아 있는 전갈의 독침을 물어뜯어 낼 수 있을 만큼 노련해져서 전갈에 물리는 일은 없게 돼.

이 대가족의 우두머리는 미어캣 엄마야. 가족의 중요한 문제도 엄마 혼자 결정해. 다른 암컷들은 새끼를 낳을 수 없어. 하지만 대가족이 질서 있게 잘 돌아갈 수 있도록 함께 일하고 거들어.

암컷들의 가족 공동체, 아프리카 코끼리

암컷들의 강력한 결속! 이건 아프리카 코끼리들이 평생 따르는 철칙이야. 무리는 거의 대부분 경험 많은 암컷 우두머리가 이끌어. 모든 새끼가 올바로 자랄 수 있도록 보살피고, 무리의 소중한 경험이 모든 구성원에게 제대로 전달될 수 있게 하는 역할을 해. 이 암컷은 죽을 때까지 무리를 이끄는데, 기억력이 아주 좋아서 어디에 먹음직스런 먹이가 있고, 어디에 마실 물이 있는지 정확히 기억해 내. 길을 갈 때 맨 앞에 서는 것도 이 암컷이야. 위험이 닥쳤을 때는 무리를 가까이 모이게 한 다음 어린 새끼들을 가운데에 둬. 누군가 다치거나 병들었을 때도 암컷끼리의 연대가 작동해. 약한 코끼리는 전 가족의 보살핌을 받아.

출산할 때는 자매나 이모가 산파 역할을 하면서 진통으로 괴로워하는 암컷을 도와줘. 수컷 코끼리는 사춘기가 되면 공동체에서 나가야 해. 암컷과 짝짓기를 할 때만 다시 잠시 들어올 수 있어.

나도 나중에 엄마처럼 똑똑하고 크고 강해져?

배려 깊은 엄마 공동체, 멧돼지

멧돼지 무리는 전적으로 암컷들과 새끼들로만 이루어져 있어. 이 대가족의 우두머리는 가장 나이 많고 경험 많은 암돼지야. 수돼지는 비집고 들어올 틈이 없어. 기껏해야 짝짓기 할 때만 무리에 들어오는 게 잠시 허락돼. 평소에는 혼자 생활하며 숲속을 돌아다녀.

봄에 새끼들이 태어나면 암돼지는 각자의 새끼들을 돌봐. 그전에 풀과 나뭇잎으로 푹신하고 안전한 보금자리를 만드는데, 아주 훌륭한 "출산 둥지"야. 밖에서는 잘 보이지 않을 뿐 아니라 갓 태어난 연약한 새끼들을 추위와 습기로부터 보호해 주거든. 암돼지들은 단체로 젖을 줄 때가 많아. 여러 마리가 동시에 누워 허겁지겁 달려드는 새끼들에게 젖꼭지를 물려.

가끔 새끼 하나가 엄마를 못 찾고 다른 암돼지의 젖을 빨 때가 있어. 다행히 영리하고 후각이 뛰어난 암돼지들은 곧 그 실수를 알아차리고 새끼를 자기 엄마한테 데려다 줘. 모든 새끼 돼지들은 시간이 지나면서 특히 좋아하는 자기 젖꼭지가 생기고, 그러면 게걸스럽게 달려드는 다른 형제자매들을 밀쳐내며 자기 것을 지키려고 해.

암컷 우두머리 하이에나

여자 대장, 점박이하이에나

점박이하이에나 무리 안에서는 수시로 거칠고 공격적인 일들이 벌어져. 끊임없이 서로 물고 뜯고 싸우거든. 잘 모르는 사람들은 이걸 보고 가장 강한 놈을 가리기 위한 수컷들의 권력 다툼이라고 생각할 수도 있어. 하지만 이 하이에나 종은 달라. 그건 수컷이 아니라 암컷들의 싸움이야. 공격성이 강한 사나운 우두머리는 모두 암컷이고, 무리를 하나로 결속시키는 것도 이 암컷들이지. 가장 힘센 수컷조차 모든 암컷에게 복종해야 해. 함께 사냥한 먹이도 철저히 서열에 따라 분배돼. 우두머리 암컷과 그 자식들이 먼저 배불리 먹고 나면 그다음은 다른 암컷들 차지야. 암컷들의 식사가 끝나야 수컷에게 나머지가 돌아가.

나쁜 독재자 망토개코원숭이

망토개코원숭이 종에서는 수컷 하나가 암컷을 열다섯 마리까지 거느리는 절대적인 우두머리 노릇을 해. 무리 내에서 누가 무슨 일을 해야 하고, 암컷 중 누가 자신의 털을 골라야 하고, 또 누가 자기와 짝짓기를 해야 하는지는 모두 우두머리 혼자 결정해. 암컷들은 하고 싶지 않아도 하지 않을 수가 없어. 그랬다가는 포악한 우두머리가 마구 때리고 물어뜯기 때문이지.

우두머리가 늙거나 죽어 다른 젊은 수컷이 새 우두머리 자리에 오르면 일단 전임자의 흔적부터 말끔히 지워. 이전 우두머리의 새끼들을 모두 죽여 버리는 거지. 그래야 암컷들이 자기와 짝짓기를 하려고 하기 때문이야. 새끼가 태어나면 부모 중 어느 쪽이 새끼를 돌보고 키울지는 말 안 해도 알 수 있겠지?

수컷 우두머리 망토개코원숭이

남의 둥지에 몰래 알을 낳는 뻐꾸기

새끼를 보살피고 먹이고 키우는 건 아주 고단하고 힘든 작업이야. 그래서 뻐꾸기는 그런 고단한 일에서 벗어나려고 특별한 전략을 써. 다른 새에게 그 일을 떠넘기는 거지. 그러려면 사전에 계획을 잘 짜야 돼. 우선 뻐꾸기 암컷은 다른 종의 새가 만들어 놓은 둥지를 찾아 조심스럽게 염탐해. 그러다 둥지의 부부가 잠시 자리를 비운 틈을 이용해 자기 알을 다른 알들 사이에 낳아. 그러고는 둥지에 있던 알 중 하나를 밖으로 밀어 버려. 숫자가 같아야 의심을 안 받거든. 놀랍게도 뻐꾸기 알은 원래 둥지에 있던 알과 색깔이나 크기가 거의 비슷해. 그런 둥지를 찾는 거지. 그래서 둥지의 원래 주인들도 그걸 다른 새의 알로 생각하지 않고 자신의 알들과 함께 품어.

새끼 뻐꾸기는 알을 깨고 나오자마자 벌거숭이 몸에 눈이 먼 상태에서도 다른 알과 이미 깨어난 다른 새끼들을 둥지 밖으로 밀어내기 시작해. 녀석은 한눈에 봐도 다른 새끼들보다 훨씬 몸집이 커. 그래서 혼자만 남을 때까지 비좁은 둥지를 간신히 버텨 가며 다른 새끼들을 모두 몰아내. 그런데도 둥지의 주인인 엄마 새, 아빠 새는 그걸 전혀 모르는 눈치야. 새끼 뻐꾸기가 주황색 부리를 벌려 큰 소리로 배가 고프다고 울면 재깍재깍 먹이를 물어다 주기에 바쁘거든. 이제 솜털이 보송보송 올라온 통통한 새끼 뻐꾸기에게는 둥지가 너무 작게 느껴져. 그런데도 몇 주는 더 이 둥지에서 양부모의 사랑스런 보살핌을 받으며 계속 먹이를 받아먹어. 그러다 얼마 안가 새끼 뻐꾸기는 자그마한 양부모보다 몇 배는 더 커져.

입양, 침팬지

무리 지어 생활하는 동물의 경우, 병들거나 죽은 동료의 자식을 대신 돌보고 키우는 건 자주볼 수 있어. 비극적인 운명으로 갑자기 혼자가 된 새끼 침팬지도 무리의 다른 구성원에게 입양되어 다른 새끼들과 똑같이 살뜰한 보살핌과 보호를 받아. 아마 이런 보살핌이 없다면 살아남는 건 불가능할 거야.

희한한 입양, 사자

아주 드문 일이긴 하지만, 자연에서 역할이 전혀 다른 동물들 사이에서도 놀랍게도 일종의입양 같은 것이 이루어져. 케냐에서 실제로 있었던 일인데, 한 암사자가 반복해서 어린 영양들을 입양한 게 한 예야. 다른 사자들이 이 새끼를 공격하려고 하면 암사자는 정말 사납게 맞서싸우며 영양을 보호했어. 다른 사자들은 분명 고개를 절레절레 흔들었을 거야. 맛있는 저녁 먹잇감을 저렇게 헌신적으로 보살피는 이유를 도저히 이해할 수 없었을 테니까 말이야.

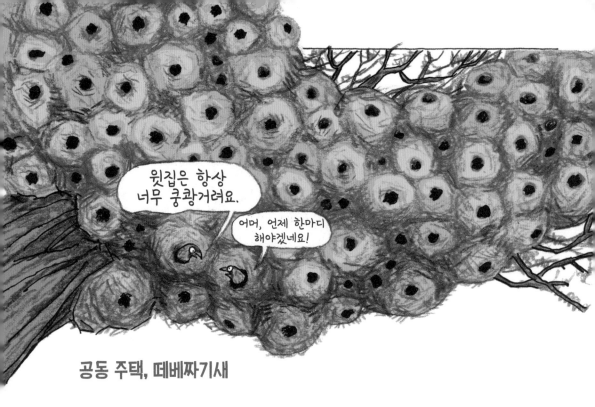

공동 주택, 떼베짜기새

남아프리카의 떼베짜기새는 거대한 공동 둥지에서 많은 식구들이 함께 살아. 나무에 지은 이 둥지들 가운데에는 지은 지 수십 년 된 것도 많아. 수많은 세대에 걸쳐 이루어진 지속적인 수리와 확장으로 이제 100여 쌍이 동시에 거주할 수 있는 공동 주택이 완성된 거지. 이런 집을 지어 놓으면 기온 변화와 비바람의 영향을 덜 받고, 적으로부터 자신을 지키기가 한결 수월해. 침실과 부화실은 지금도 끊임없이 증축 작업이 진행되고 있어.

가끔 이 거대한 공동 주택의 무게를 이기지 못하고 나뭇가지가 뚝 부러질 때가 있어. 그러면 정말 오랜 시간 정성껏 지은 둥지도 함께 무너지고 말아. 그럼 떼베짜기새들은 다시 몇 년에 걸쳐 새로운 집을 짓기 시작해.

엄마 혼자 키우는 큰곰

큰곰 수컷은 새끼가 태어나기 훨씬 오래전에 이미 떠나고 없어. 그래서 새끼들을 먹이고 보살피고, 다른 포식자의 공격으로부터 지키는 건 오직 어미 몫이야. 위험이 닥치면 엄마 곰은 일단 새끼들을 나무 위로 올라가게 한 뒤 혼자 용감하게 적과 맞서 싸워. 특히 낯선 수컷 곰이 주변에 얼씬거리지 않는지 주의 깊게 살펴봐야 해. 엄마 곰과 짝짓기를 하려고 새끼들을 죽이거든.

새끼들은 엄마 곰과 함께 몇 년 동안 함께 지내면서 생존에 필요한 모든 기술을 배워. 어미는

달달한 벌꿀을 어떻게 따는지, 맛있는 물고기는 어디서 어떻게 잡는지, 위험에서 벗어나려면 얼마나 빨리 달려야 하는지 끈기 있게 가르쳐. 그렇게 2-3년이 지나면 새끼들에게 독립할 시간이 찾아와. 엄마 곰이 새 짝을 만나 다른 자식을 낳을 때가 된 거지. 이제 새끼들은 엄마 곁에 더 이상 머물 수가 없어. 엄마 곰은 앞발을 치켜들고 사납게 으르렁거리고, 경고의 의미로 깨물기도 하면서 새끼들을 쫓아내. 이제 너희들 스스로 살아가야 한다는 뜻이지.

동성애 가족, 흑고니

흑고니의 경우, 이따금 수컷 둘이 짝을 이루며 살아가기도 해. 그런데 신기한 것은 이 동성 부부의 둥지에도 가끔 알이 놓여 있다는 거야. 서로 사랑하면 수컷 사이에서도 알이 생기는 걸까? 아냐, 그런 일은 있을 수 없어. 알은 암컷만 낳을 수 있어. 그렇다면 그 알들은 수컷들이 다른 둥지에서 훔쳐 왔거나, 아니면 어떤 이유인지는 모르지만 암컷이 둥지를 떠난 뒤에 남겨진 알일 거야. 어찌 됐건 두 수컷도 알을 품는 건 암컷만큼 잘 할 수 있어. 게다가 흑고니 아빠들 밑에서 자라는 새끼들은 운이 좋다고도 할 수 있어. 암컷과 수컷 부모 밑에서 자라는 새끼들보다 살아남을 가능성이 훨씬 크거든. 흑고니 수컷들은 암컷보다 몸집이 크고 힘이 세. 둘이 힘을 합치면 아무도 함부로 덤비지 못하고, 다른 암수 부부들과의 경쟁에서도 유리해. 그래서 자신들의 영역을 좀

더 넓게 확보해서 더 많은 먹이를 새끼들에게 갖다 줄 수 있어.

평생 당신밖에 없어, 비버

동물 세계에서는 평생을 오직 한 명하고만 살아가는 일은 매우 드물어. 하지만 비버는 한 번 짝을 정하면 정말 죽을 때까지 서로에게 충실해. 비버 부부는 흙이나 식물로 지은 집을 끊임없이 확장하고 고쳐 가면서 가족과 함께 살아.

다 큰 새끼들이 가족을 떠나면 부모는 다시 새로운 새끼를 낳아 가족을 꾸려. 가끔 부모 중 한쪽이 먼저 죽는 일도 생겨. 그러면 남은 한쪽은 혼자 오래 있지 않고 비교적 빨리 새 짝을 찾아 가정을 꾸려. 이 짝과 영원히 함께했으면 좋겠다는 소망과 함께.

이렇게 혼자 매달려 있는 걸 가장 좋아해.

혼자 살아가는 오랑우탄

모든 포유류가 무리지어 살거나 가족과 함께 사는 건 아냐. 혼자 생활하다가 기껏해야 짝짓기 할 때만 몇 시간씩 같은 종을 찾는 동물도 있어. 오랑우탄이 그래. '오랑우탄'이라는 말은 원래 "숲에 사는 사람"이라는 뜻이야. 이 유인원은 열대 밀림에서 자기 구역을 확고하게 정해놨어. 이 구역을 벗어나는 일은 없고, 그 안에서만 긴 팔다리를 이용해 나무를 타거나 어슬렁거리며 돌아다녀. 자기 구역에 대해서는 모르는 것이 없지. 어떤 나무의 열매가 언제쯤 잘 익는지도 알고, 밤중에 잠자리는 어디다 만드는 게 가장 좋은지도 훤히 꿰고 있어. 자기 구역을 순찰하다가 근처에 혹시 다른 오랑우탄이 접근하는 소리가 들리면 사납게 경고음을 보내. 여긴 내 구역이니까 들어오지 말라는 뜻이지. 물론 평화롭게 혼자 지내는 것을 좋아하는 오랑우탄은 동료들과의 싸움을 꺼려. 단독 생활자인 수컷과는 달리 암컷들은 새끼들과 함께 가족 단위로 무리를 지어 넓은 숲을 돌아다니지.

동물들의 새끼

주머니쥐
무척 성가실 텐데도
잘 견뎌. →

곰
태어날 때는
기니피그만 해.

↑ 생후 1개월.

오랑우탄
생후 8년 동안 →
젖을 먹어.

하마
지방이 많아. ↓

물속에서 어미젖을 빨려면 그전에
숨을 깊이 들이마셔야 해.

글 카타리나 폰 데어 가텐

작가이자 성교육 전문가이고, 대학에서 특수 교육학을 전공했습니다. 남편과 네 아이와 함께 독일 본에 살면서 여러 학교에서 성교육을 진행하고 있습니다. 성과 임신, 출산에 대한 아이들의 많은 질문에 답하는 식으로 이루어진 『가르쳐 주세요』라는 책으로 많은 주목을 받았습니다. 이 책을 쓰게 된 것도 학생들로부터 동물들의 사랑법에 대해 많은 질문을 받았기 때문입니다.

그림 앙케 쿨

독일에서 가장 유명하고 인기 있는 삽화가입니다. 지금껏 70권이 넘는 어린이책과 그림책에 삽화를 그렸고, 그중 많은 작품이 독일청소년문학상을 비롯한 여러 상을 받았습니다. 지금은 프랑크푸르트 아틀리에 공동체 'LABOR'에 소속되어 일하고 있습니다. 대표작으로는 『가르쳐 주세요』, 『세상의 모든 가족』, 『모든 아이들-쌤통 사전』 등이 있습니다.

옮긴이 박종대

성균관대학교 독어독문학과와 동대학원을 졸업하고 독일 쾰른에서 문학과 철학을 공부했습니다. 네이버 '인물과 역사' 꼭지에 글을 썼고, 가끔 도서관이나 학교로 인문학 강연을 다닙니다. 지금껏 『위대한 패배자』, 『만들어진 승리자들』, 『바르톨로메는 개가 아니다』, 『데미안』, 『그런데요, 종교가 뭐예요?』, 『매머드 할아버지가 들려주는 인류의 역사』 등 100여 권의 책을 우리말로 옮겼습니다.

감수·추천 장이권

진화적인 관점으로 동물의 행동과 생태를 연구하는 동물행동학자입니다. 특히 소리를 이용하여 의사소통하는 곤충, 개구리, 새 등에 관심이 있습니다. 또 광범위한 시공간에서 벌어지는 동물들의 행동과 생태를 이해하기 위해 일반인들의 과학활동 참여인 시민과학을 활용하여 연구를 수행하고 있습니다. 현재 National Geographic Explorer, 이화여대 자연사박물관 관장, 생명과학과/에코과학부 교수이며, 시민과학 지구사랑탐사대 대장으로 활동하고 있습니다.

수달

훌륭한 공기 매트리스 →

이건 완전 유람선이야!

↓

백조

악어

어미가 알에서 부화한 새끼를
입에 넣고 조심스럽게 물로 데려가.

텐렉

포유류 종에서는 최고 기록.
새끼가 무려 서른두 마리야.

휘!

다람쥐

굉장히 쪼그맣지만,
앞발만큼은 몸집에 비해
아주 커. 그래야 나중에 나무에
잘 오를 수 있거든.

코알라

떨어지지 않는 등짐이야.

회색물범

매일 다섯 번 기름진 모유를 먹어서
몸집이 곧 세 배로 커져.

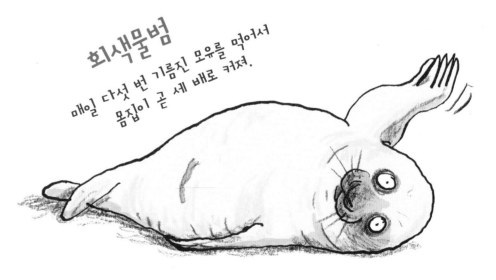

동물 이름 찾아보기

동물들의 짝짓기 도감

초판 인쇄 2020년 4월 6일
초판 발행 2020년 4월 20일

글 카타리나 폰 데어 가텐
그림 앙케 쿨
옮김 박종대

편집 백도라지, 박선영
마케팅 강백산, 강지연
디자인 정계수
펴낸이 이재일
펴낸곳 토토북
주소 04034 서울시 마포구 양화로11길 18, 3층(서교동, 원오빌딩)
전화 02-332-6255 | **팩스** 02-332-6286
홈페이지 www.totobook.com | **전자우편** totobooks@hanmail.net
출판등록 2002년 5월 30일 제 10-2394호
ISBN 978-89-6496-418-7 43490

• 잘못된 책은 바꾸어 드립니다.

• 이 책의 사용 연령은 14세 이상입니다.
• 탐은 토토북의 청소년 출판 전문 브랜드입니다.